空调间歇运行时建筑围护结构热响应特性研究

孟　曦◎著

中国建筑工业出版社

图书在版编目（CIP）数据

空调间歇运行时建筑围护结构热响应特性研究/孟曦
著. —北京：中国建筑工业出版社，2019.10
ISBN 978-7-112-24213-9

Ⅰ．①空… Ⅱ．①孟… Ⅲ．①建筑物-围护结构-
建筑热工-研究 Ⅳ．①TU111.4

中国版本图书馆 CIP 数据核字（2019）第 205129 号

本书以典型房间为研究对象，通过问卷调查、理论分析、实验以及数
值模拟等研究方法，力求弄清空调间歇运行时，房间围护结构动态热响应
特性这一基础科学问题。首先，通过问卷调查，分析了建筑内部人员工作
生活习惯与空调间歇运行规律之间的内在联系；其次，通过理论分析，提
出了表征墙体动态热响应速率的时间常数拟合方程；再次，通过实验和数
值模拟，研究非透明围护结构的动态热响应特性；最后，以典型房间为研
究对象，定性地分析空调间歇运行时房间瞬态负荷变化规律及其构成特
性，并定量分析各围护结构形成空调负荷构成比例及其影响规律，提出了
空调间歇运行时，建筑围护结构节能设计方向。

本书可供建筑学及相关专业的研究者、从事绿色建筑设计及建筑节能
研究的人员及相关机构，以及对此方面感兴趣的读者阅读参考。

责任编辑：张伯熙　曹丹丹
责任设计：李志立
责任校对：王　瑞

空调间歇运行时建筑围护结构热响应特性研究
孟　曦　著

*

中国建筑工业出版社出版、发行（北京海淀三里河路 9 号）
各地新华书店、建筑书店经销
霸州市顺浩图文科技发展有限公司制版
天津翔远印刷有限公司印刷

*

开本：787×960 毫米　1/16　印张：11　字数：189 千字
2019 年 12 月第一版　2019 年 12 月第一次印刷
定价：**85.00** 元
ISBN 978-7-112-24213-9
（34725）

作者简介：

　　孟曦（1986.8-），男，江苏沭阳人，四川大学土木工程博士，青岛理工大学特聘教授。研究方向：绿色建筑、建筑节能、建筑热环境和城市热岛效应。近 6 年来，作为第一作者或通讯作者发表 SCI/EI 收录的科技论文 19 篇，主持国家自然基金项目 1 项、省部级科研项目 5 项、国家重点实验室开放课题 1 项，参与国家级、省部级科研项目 10 余项。

序

    建筑围护结构热响应特性和热工性能优化问题一直是建筑节能领域的研究重点。在建筑节能设计标准中，建筑围护结构热工性能限值成为强制条文且强制条文设定对象均为空调采暖连续运行的整栋建筑，然而，在建筑实际运行管理中，由于个性化需求差异，空调采暖难以遵循连续运行的基本假设。另外，无论是北方的分户热计量，还是南方夏季的空调，能量消耗对象主要是户空间或单个房间，这与强制条文中整栋建筑的考核指标不相同。这样的建筑节能与空调实际运行方式的脱节，产生了建筑节能领域诸多的需要解决的问题。

    本书不仅以空调间歇运行为研究背景，遵循人对室内热环境个性化需求，而且以局部空间为研究对象，符合建筑能量消耗单元，视野独到；既研究了我国空调间歇运行模式和围护结构动态热响应机理等共性问题，又探索了空调间歇运行时，外墙、内墙和楼板如何进行节能优化及邻室传热等个性问题。同时，指出了基于空调连续运行的现行建筑节能设计标准，难以真正的达到预期节能效果。根据空调运行方式，合理地优化建筑围护结构热工性能十分重要，尤其是内围护结构，并提出了适用于空调局部空间、间歇运行时，建筑围护结构的节能优化设计方法。

    孟曦博士长期从事建筑热工学的理论与应用研究，并在空调间歇运行时，建筑围护结构的保温结构设计和局部空间的负荷特征等方面开展了深入的理论研究和工程实践，取得了较为丰硕的成果。他将多年的研究体会和对建筑热过程的独特认识进行归纳总结，著写本书。本书的出版既丰富了传统的建筑热工设计理论，又促进了我国绿色建筑和建筑节能的发展，具有一定的理论意义和工程应用价值。

高伟俊

2019 年 5 月 28 日

前　　言

　　能源与环境是当今人类共同面临的两大难题。建筑能耗已成为最大的终端用能部分，故建筑节能对于缓解能源危机和保护环境有着重要意义。在目前建筑节能研究和实践领域，人们把关注重心放在整栋建筑、空调连续运行的方式上，而对于应用更普遍、情况更复杂，更符合人们生活工作习惯的空调局部空间、间歇运行的研究却非常薄弱，致使现行的相关规范、标准或条例的某些条文与空调实际运行情况脱节。基于此，本文调整传统研究视角，以典型局部空间——房间为研究对象，通过问卷调查、理论分析、实验以及数值模拟等研究方法，力求弄清空调间歇运行房间的围护结构动态热响应特性这一基础科学问题。

　　本书主要研究内容如下：①通过问卷调查探索建筑内人员生活工作方式与空调运行方式的内在联系，归纳居住和办公建筑的空调间歇运行典型模式，为全文奠定了基础；②理论分析空调启动过程时，墙体动态热响应特性，提出表征墙体温度响应速率的时间常数，理论分析各因素对墙体动态热响应特性影响规律；③利用实验和数值方法，研究空调间歇运行时，建筑内外围护结构最佳构造方式，并分析了空调间歇运行时一些特有的问题（如邻室漏热）；④以典型房间作为局部空间的研究对象，综合分析空调间歇运行时典型房间空调负荷的构成特性，以及探索空调间歇运行时，建筑非透明围护结构的节能方向。

　　本书的研究是在作者的博士生导师龙恩深教授悉心指导下完成的，感谢他一直以来的关心、指导和鞭策。此外，特别感谢日本工程院外籍院士、青岛理工大学教授高伟俊为本书撰写给予的细致、认真的指导。感谢四川大学建筑与环境学院孔川教授和王子云副教授对本书框架的构建和研究理论提供的支持。此外，感谢青岛理工大学滨海人居环境学生创新中心于德湖副校长、许从宝院长对作者科研和本书出版给予的指导和帮助。

　　本书对建筑围护结构热响应特性进行研究，旨在为我国建筑节能和绿色建筑发展起到微薄的促进作用。由于作者的科研水平有限，尚有些理论和观点有待深入研究，如有不足之处，请广大读者给予指正。

目　　录

第1章 绪 论

空调间歇运行是指在夏季炎热时，建筑使用者根据生活行为习惯的需要，独立开启一户或个别房间的空调设备，调节室内温湿度以达到舒适要求和以节能为目的的用能控制模式。这种空调控制方式，不仅在夏热冬冷及夏热冬暖气候区的居住建筑中非常普遍，而且在使用集中空调的公共建筑中（如宾馆、办公楼、教学实验大楼等）也大量存在[1-4]，空调间歇模式已作为新型空调模式在诸多空调设计中得到应用[5-7]。

对于整幢建筑而言，建筑设计按社会细胞（家庭）和功能将其内部空间分隔成一家一户和房间，形成若干相对独立的空间，空调分户分室控制可以非常灵活地满足每家每户及各房间居住者对舒适度的多元化、个性化需求。其显著的特征有两点：一是相对于整幢建筑而言，热湿环境调控在空间上的局部性——小可至整个建筑空间的几分之一乃至几百分之一；二是热湿环境调控在时间上的间歇性——建筑中空调耗能设备的运行时间可短至数十分钟或几小时。

在当今建筑节能的研究和实践领域，为化繁为简，人们把更多的关注放在全部空间的整幢建筑和连续运行的集中控制方式上。对于应用更加普遍、情况更加复杂的局部空间分户分室控制、间歇运行方式的研究却非常薄弱，特别是在空调分户分室控制下，建筑围护结构的动态热响应特性及其对室内热舒适和建筑能耗的影响规律，相关的应用基础科学问题远远没有研究透彻，导致在建筑节能实践领域还有相当多的悬而未决的问题，成为行业关注的热点和难点[8]。

1.1 研究背景

1. 我国能源形势

能源与环境是当今人类共同面临的两大难题。建筑能耗是终端能源消耗的重要组成部分，国际能源署（International Energy Agency，IEA）指出：建筑能耗占世界终端能耗总量的 35%，为最大的终端用能，而在美国、欧洲四国（英法德意）以及日本等发达国家，建筑能耗占终端能耗的比例接近 40%[9]。清华大学建筑能源研究中心基于中国能耗统计的实际情况，利用中国建筑能耗模型（China Building Energy Model，CBEM），对我国建筑能耗进行统计分析，其统计表明：我国建筑能耗为终端能耗的 20%[10]（由于统计方式的差异性，部分文献[11-16]显示建筑能耗为终端能耗 30% 左右）。图 1.1-1 给出了 2001～2013 年建筑总商品能耗和总耗电量的逐年变化情况[10]。可以看出：我国各商品能耗总量均持续增加，在 2001～2013 年，我国建筑总商品能耗和总耗电量分别增加了 245% 和 102%。

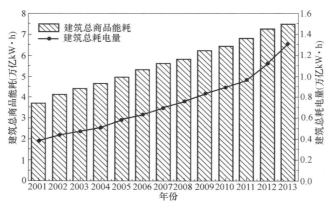

图 1.1-1　2001～2013 年建筑总商品能耗和总耗电量的逐年变化情况[10]

　　此外，图 1.1-2 给出了 2001～2013 年各类建筑年竣工面积和城镇化率的逐年变化情况[17,18]。可以发现，2001～2013 年，我国城镇化高速发展，建筑年竣工面积大幅增加，2013 年我国建筑竣工面积达到 27 亿 m^2，是 2003 年的 3.2 倍，远超过世界各发达国家每年新建建筑竣工面积之和[17]。此外，城镇化率由 2001 年的 37.7% 增加到 2013 年的 53.7%[18]。图 1.1-2 表明我国建筑无论从数量上还是质量上均处于蓬勃发展期，建筑能耗无论是数量还是比重，均将会大幅度的提升。

　　然而，能源紧缺、资源匮乏、环境污染严重、碳排放压力巨大的现实难以制约建筑能耗高速上升的需求，建筑节能势在必行。空调设备能耗占建筑能耗的 55% 以上[8,13,19,20]，有效控制空调能耗成为降低建筑能耗的关键因素。本书所研究的空调间歇运行试图摆脱目前基于空调全部空间、连续运行的"粗放型"建筑节能设计策略，探索符合建筑使用者生活、工

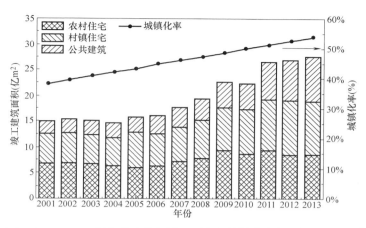

图 1.1-2　2001～2013 年各类建筑年竣工面积和城镇化率的逐年变化情况[17,18]

作习惯的空调局部空间、间歇运行的"集约型"的建筑节能设计方法，在保证室内舒适度的同时，降低空调能耗。

2. 现行建筑节能标准的局限

我国颁布现行的严寒及寒冷地区、夏热冬冷地区、夏热冬暖气候区的居住建筑节能设计标准[21-23]和公共建筑节能设计标准[24]，适用对象均是整幢建筑。标准的节能率和体形系数限值均是针对整幢建筑而言；当体形系数、窗墙面积比、围护结构热工特性等超过规定限值时，权衡判断的依据仍然是以整幢建筑的供暖期连续运行的耗热量或参照建筑在设定条件下连续运行的采暖空调总耗电量。显然，现行标准仅能符合典型的集中式采暖空调且连续运行的建筑，而偏离了绝大多数采暖空调分户分室控制的局部空间、间歇运行的实际情况。这样的标准与实际的偏差必然导致建筑能耗的实际值和设计值的巨大差异。

此外，现行标准对建筑围护结构热工特性的限值侧重于外围护结构，淡化内围护结构。在现行标准的集中采暖空调连续运行时，内围护结构的传热系数限值高低对整幢建筑能耗指标和节能设计几乎没有影响，故可以凭经验给出限值或根本不做规定，任由设计人员确定，甚至在能耗模拟时忽略部分内墙的存在[21-24]。但是，它却对"节能建筑"交付使用后普遍存在的空调分户分室控制的房间热湿过程、舒适性、能源费用支付单元——一家一户的影响非常显著，因为这时建筑内围护结构变成了户空间的"准外围护结构"。

　　图 1.1-3 给出了典型建筑的局部空间——户空间与房间示意图。可以看出，分户墙和楼梯墙占总围护结构的比例远超过 70％，甚至部分的低体形系数建筑该比例接近 90％。对于空调间歇运行的建筑，内围护结构对建筑能耗的影响超过外围护结构。如果在空调间歇运行时，对建筑围护结构的动态热响应特性以及与其关联的分户能耗特性研究不透彻，建筑节能实践中出现的若干问题（如分户热计量收费、商品房能耗标识等）就不能解决[25-30]。

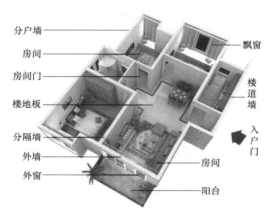

图 1.1-3　典型建筑的局部空间——户空间与房间示意图

　　综上所述，由于现行的规范、标准以及相关条例与目前采暖空调实际运行情况脱节，导致了我国建筑节能众多的悬而未决的问题，有必要对空调分户（室）、间歇式运行下，建筑围护结构动态响应特性进行深入的研究。

1.2　空调间歇运行的研究现状

1. 空调间歇运行对建筑能耗影响

　　中国建筑能耗约占全社会能源总消耗的 30％左右[31]，根据发达国家的经验，这一比例将逐步增加到 40％[32]。另一方面，随着居民生活水平的提高，空调采暖的能耗逐渐提高，仅在北方，采暖一项就占 24.7％的建筑能耗[33]，且南方需要采暖渐成共识[34-38]，可见减少建筑采暖空调能耗对促进建筑节能的意义重大。目前，提高墙体保温性能[39-42]，增大能源利用效率[43-46]，优化建筑形式[47-49]以及节能技术[50-54]的使用成为我国建筑节能的主要手段。即便如此，建筑能耗仍然高居不下，甚至存在较多的"节能建筑不节能"的现象，这一现象必然存在深层次的原因。其中，大多数节能建筑以高舒适度、全空间、连续性运行而导致高能耗，但实际上建筑室内环境调控需求是多元化的，无论是居住建筑还是公共建筑，局部空间、间歇空调更切合居民的耗能习惯，但集中控制方式限制了分散调控的自由度。本书的研究聚焦于空调间歇模式，但是其机理和特性供暖间歇运行有相似之处。

刘艳峰等[55]将供暖间歇运行分为长间歇周期（停暖时间超过1个月）以及短间歇周期（夜间停暖）。学校建筑的长间歇周期停暖时，冬季室外设计温度可提高1～3℃；而办公、商城等短间歇周期停暖时，冬季室外设计温度可提高1～6℃；以室外计算温度为依据，长间歇和短间歇供暖设计热负荷最大可降低9%和15%。但其研究主要针对公共建筑，而居住建筑与其恰好相反：如学校建筑的长间歇供暖的停暖期，多为一年的最冷月；商城、办公等短间歇供暖的停暖期，为一天最冷的夜间；而居住建筑的停暖期为白天，供暖期为夜间，故而居住建筑的供暖间歇运行时，室外冬季设计温度应该有所降低。

徐宝萍等[56]利用DeST模拟分析北京办公建筑间歇供暖运行的供暖能耗情况：采暖设备运行周期为8：00～18：00，建筑层数为3层的办公写字楼，供暖设定温度为18℃。研究表明：非节能建筑间歇供暖节能率比节能建筑高1%～5%；风机盘管为末端的间歇供暖节能率比散热器高1%～8%；初寒时间歇供暖的节能率比中寒期要高3%～7%；综合以上各因素典型周的平均节能率可达25%～40%。

冉春雨和贾正超[57]分析了长春市教学楼夜间防冻运行的间歇供暖比连续供暖节能11.7%。李茹[58]的实验研究表明：办公室在室内PMV的影响较小的情况时，供暖间歇运行可以节约40%的供暖能耗。汪海峰[59]研究表明：间歇供暖的负荷增大率和节能率均随停暖时间增大而增大，负荷增大率为15.2%～91.8%，节能率可达到4.5%～14.4%。谢子令等[60]采用IES-VE软件研究了温州某居住建筑供暖空调间歇运行的节能率问题，研究表明：空调运行由连续模式改变为间歇模式，供暖能耗降低33.5%，供冷能耗减小20.4%，供暖空调总能耗降低26.8%；引入自然通风可将供冷能耗进一步降低57.4%，采暖空调总能耗降低50.5%。Xu等[61]的模拟和测试结果表明：夜间（18：00～09：00）关闭空调可以节约 21.7％的空调能耗,下午茶期间(15:30～16:30)关闭空调可以节约 6.1％的空调能耗。

Cho 和 Zaheer-uddin[62]对比分析平板辐射供暖系统间歇运行的两种间歇运行方式的节能率的对比分析,研究表明:采用根据室外气候参数预设的控制手段比常规的"关-停"或简单 PI 控制方式要节约 10％～20％的能耗。Kim 等[63]同样对比分析不同间歇供暖方式时散热器供暖的节能率问题,但 Kim 等与 Cho 和 Zaheer-uddin[62]截然相反,与连续供暖相比,预设的间歇控制方式的节能率为 10.1％,采用简单的"关-停"的间歇控制方式的节能率为 53.1％。Budaiwi 和 Abdou 等[64]实验和模拟研究了清真寺空调制冷间歇、分室运行时节能率问题。在做礼拜的时间段内,清真寺内人员热负荷较大,人数波动明显,且清真寺开放的空间也差异较大。故而清真寺的空调间歇、分户运行的优势尤其突出,结果表明:空调间歇运行时,空调能耗降低 23％;空调分室运行时,空调能耗降低 30％;而空调间歇、分室运行时,空调能耗降低高达 46％以上。

许景峰[65,66]研究了在成都气候条件下,外保温墙、内保温墙和自保温墙对间歇供暖运行的节能率的影响。尽管三种墙体的传热系数相同,但是其节能率差异较大,内保温墙的节能率比自保温墙高 19.1％～33.2％。王勇和刘清华[67]基于全寿命周期成本,分析埋管地源热泵系统间歇运行时的节能率,其结果显示:采用周末间歇运行时,热泵系统全寿命周期(15 年)内的平均节能率为 17.2％。此外,间歇采暖使得埋管地源热泵系统的土壤温度获得一定恢复,换热效率提高,进而提高了空调机组运行效率[68-70]。

然而,对于空调供暖间歇运行时的节能率也存在不同结论,Badran 等[71]对约旦的一栋住宅的连续供暖和间歇供暖进行比较,结果表明:当采暖设备运行 14h 以上时,连续采暖更经济;当采暖设备运行低于 14h,间歇采暖更为经济。张晓洁[72]研究表明:空调间歇 2h,空调能耗降低 10％左右;而供暖间歇 2h,采暖能耗却增加 16％。孙培良[73]对比分析哈尔滨市的一幢住宅楼的连续供暖与间歇供暖,却发现:间歇供暖不仅投资更高,而且能耗比连续供暖高 36％。李兆坚等[74]模拟了北京住宅间歇供暖,结果表明:上班停暖间歇供暖方式,全楼平均节能率不超过 10％,而且 1h 内可以回升到设计温度,供暖设备容量需增加 25％～48％;甚至少数房间间歇供暖能耗比连续供暖大。但对于整个建筑能耗而言:采用空调采暖进行分区,间歇运行的节能潜力明显[75]。王玲和董重成[76]研究表

6

明：供暖间歇运行时的负荷率将有所提高，间歇停暖时间越长，负荷增加率越高。可见间歇周期是影响间歇供暖节能率的一个重要的影响因素。

　　表1.2-1统计以上文献中供暖空调间歇运行时的建筑节能率。由表可知，空调间歇运行对建筑能耗影响还存在较大分歧，气候、围护结构、供暖空调形式、运行策略以及间歇模式对供暖空调间歇运行时，建筑能耗均有一定的影响。另一方面，由以上综述可以看出：学术界把更多重心放在供暖间歇运行，而对于空调间歇运行时，建筑围护结构动态热响应特性的研究较少。

文献［56，57，59，61，66，72-74］中采暖空调间歇运行时的建筑节能率的统计情况

表1.2-1

作者	建筑类型	研究方法	位置	间歇周期（停暖时间）	节能率
汪海峰[69]	居住建筑	Dest-H	拉萨	16：00～21：00 13：00～22：00 12：00～24：00	采暖4.4% 采暖8.7% 采暖14.4%
李兆坚等[74]	居住建筑	Dest-H	北京	7：00～9：00 （周末连续采暖）	采暖1%
				7：00～11：00， 13：00～19：00 （周末连续采暖）	采暖6.2%
				7：00：00～19：00 （周末连续采暖）	采暖8.2%
徐宝萍[56]	办公建筑	Dest-H	北京	18：00～8：00 （周末未采暖）	采暖25%～40%
许景峰[66]	居住建筑	Matlab	成都	8：00～18：00 0：00～6：00，8：00～18：00， 22：00～24：00 0：00～6：00，22：00～24：00	采暖-1.7%～31.5% 采暖-39.5%～58.6% 采暖-0.7%～23.5%
孙培良[73]	居住建筑		哈尔滨	夜间停暖8h	采暖-36%
冉春雨，贾正超[57]	学校建筑	BIN法	长春	22：00～7：00	11.70%
张晓洁[72]	办公建筑	实验	长沙	空调停止2h 采暖停止2h	10% -16%
Xu等[61]	办公建筑	实验	香港	18：00～09：00 15：30～16：30	21.70% 6.10%

2. 空调间歇运行时室内热环境的改善策略

使用建筑空调最终目的是塑造一个舒适、卫生、健康的生活和工作环境[78]。无论空调采用何种方式运行，保证室内良好的舒适性是其第一要素，故而供暖空调间歇运行时，使用者的室内舒适度问题是首要考虑的问题。目前，室内气温、作用温度、PMV（预期平均评价，Predicted Mean Vote）和 PPD（预测不满意百分率，Predicted Percentage of Dissatisfied People）为最常见评价室内热环境的指标[79-83]。

王登甲[5,84,85]实验和模拟研究地板辐射间歇运行的预热时间结果表明：当管网间距为 100mm、200mm 和 300mm 时，由蓄热量完全释放加热至稳定所需时间约分别为 2.5h、5h 和 7.5h，表明管网间距对预热时间影响较大，而运行水温和填充层厚度对预热时间影响较小，并模拟了间歇周期和预热时间的关系。然而王登甲的研究仅局限于地板层的预热，而对地板层的预热和室内舒适度的关联性未做深入的研究。

徐宝萍等[56]利用 DeST 模拟分析北京办公建筑风机盘管系统间歇供暖的能耗情况。当办公建筑工在作日夜间及周末全天停暖时，高寒期典型周周一所需预热时间为 8h，而在其他工作日所需预热时间为 3~4h。此外，与常规建筑相比，节能建筑室内气温恢复时间可缩短 1h，以散热器为末端的系统预热时间约是风机盘管系统的 1.5 倍，但是以散热器为末端的系统降温时间相对较长，如在初寒期可考虑提前 20~50min 停暖。李茹[58]对风机盘管的空调系统的实验研究表明：在空调停机的 10min 过程中，房间的 PMV 值由 0.348 下降到 -0.523。供暖启动 18min 内房间气温由 15℃ 回升到 23.5℃，而 PMV 值也由 -0.523 回升到 0.348。

Fraisse 等[86-88]基于 TRNSYS 软件分析空调供暖的最佳开启时刻、室内舒适度及建筑能耗等问题。研究表明：通过合理预热可以保证室内舒适度指标 PPD 均小于 10%，且预热仅产生 3% 的能耗额外增量。此外，Hazyuk 等[89,90]采用 MPC（模型预测控制，Model Predictive Control）方法，研究了建筑采暖间歇运行策略，并引入新的成本指标在保证建筑舒适度时尽量减少能源消耗。

通过以上的研究不难发现：虽然通过合理预冷、预热可以保证空调供暖间歇运行时室内舒适度，但预冷、预热会增加空调间歇运行时间，治标难以治本。因此，必须从建筑围护结构动态热响应机理出发，提高围护结构动态热响应速率，才能从根本上解决空调间歇运行的舒适度问题。

3. 建筑围护结构的热工性能优化

建筑围护结构的保温隔热性能是影响建筑能耗的主要因素[91]，围护结构的传热损失约占建筑物总传热损失的 $60\%\sim80\%$[92,93]，因此，我国陆续颁布了各个气候分区的节能设计标准，对建筑围护结构，尤其是外墙的传热系数进行强制规范[21-24]。不仅如此，众多学者针对不同气候条件，利用不同指标对保温层厚度进行优化，文献[94-96]对其进行了很好的综述。以上的研究，无论是规范制定还是墙体保温厚度的优化，均是在室内供暖空调连续运行的基础上进行。在供暖空调间歇运行时，间歇变化的室内气温与周期变化的室外气温耦合影响时，墙体的保温隔热性能的研究相对较少，因此，有必要对采暖空调间歇式运行时，建筑围护结构进行合理优化。

目前，对于供暖空调间歇式运行时，建筑围护结构进行合理优化的研究较少，许景峰[65,66]等针对成都气候条件，对热阻均为 0.74（$m^2 \cdot K$）/W 的内保温、外保温和夹心保温三种墙体进行数值和实验研究，结果表明：供暖间歇运行可以显著提高墙体的节能率，其中，内保温的节能效果最好，自保温次之，外保温节能效果最差，而且内保温墙室内舒适度相对较高。

许健柳[97]对南京地区间歇供热的对比实验研究表明：在墙体内保温的情况下，无论是室内气温还是围护结构内表面温度，热反应速率均要快于墙体外保温，这一点有利于提高室内人员的热舒适性。其他学者[98,99]也到类似的结论。

Tsilingiris[51]针对雅典气候研究了间歇空调供暖，表明：保温层越接近建筑室内时，对改善室内环境和建筑节能的影响越有利。而 Barrios 等[100]针对墨西哥气候研究了 6 种不同屋顶构造方式的间歇空调供暖，却发现保温层置于靠近室外更好。可见，采暖空调间歇运行时围护结构保温方式值得研究。

陈艳霞等[101]利用 DeST-H 软件模拟分析了徐州市某高校学生公寓冬季采暖空调间歇运行情况时，基于全寿命周期保温层最佳的经济厚度。研究结果表明：当建筑夜间停暖（0：00～5：00）时，保温层最佳的经济厚度为50mm；若再考虑高校寒假不供暖时，保温层最佳的经济厚度为30mm。

朱耀台等[102]的模拟研究表明：在空调采暖间歇运行时，建筑外墙内保温的节能效果明显优于外保温，且内墙对建筑能耗影响程度远高于外墙。钱晓情和朱耀台[103,104]的研究表明：在夏热冬冷气候区的建筑保温重点不应该仅仅是外墙，内墙热工性能才是影响空调间歇运行能耗的主要因素。

已有的研究反映了当采暖空调间歇式运行时，墙体内保温的节能效果要优于外保温。当采暖空调连续运行时，墙体外保温优于墙体内保温[105-109]。可见，采暖空调间歇运行时墙体保温优化方向与采暖空调连续运行差异较大，但是该差异产生机理的相关研究较少，有必要从本质上认识空调间歇运行时，建筑围护结构的动态热响应机理，才能真正为空调间歇运行时建筑节能工程实践提供理论支撑。

4. 建筑邻室传热问题对建筑能耗的影响

一直以来，我国的供暖模式均是连续供暖，而内墙的传热不被工程界所重视，表 1.2-2 给出了我国建筑节能设计[21-24]和节能改造的相关规范[110,111]中对墙体围护结构设计值的一般规定。由表可知，在夏热冬冷气候区，内墙的保温性能未做强制要求，而在严寒或寒冷地区虽对非采暖与采暖房间的内墙传热系数有限定，但是其远低于外墙的保温性能。而对于本文所研究的采暖空调间歇式运行时，分户（室）内墙两侧非一致的间歇模式使得内墙两侧温差较大，故而传热量增大，内墙传热在建筑负荷中所占比例显著增加。

王海峰和方修睦[112]提出室内平衡温度的概念，研究了整个采暖季的户间传热量的理论计算方法。研究结果表明：邻户间传热量占用户总负荷的 16%～60%，该比例受室外热环境，内围护结构域外围护结构的比值以及房间朝向等因素的影响。

我国建筑节能设计[21-24]和节能改造的相关规范[110,111]
中对墙体围护结构设计值的一般规定[21-24,111]　　　表 1.2-2

序号	建筑类型	气候分区	传热系数限值[W/(m²·K)]			
			非供暖与供暖房间的内墙	供暖房间的内墙	屋顶	外墙
1	公共建筑	严寒 A 区	1.2	未规定	0.25～0.28	0.35～0.38
2		严寒 B 区	1.2	未规定	0.25～0.28	0.35～0.38
3		严寒 C 区	1.5	未规定	0.28～0.35	0.38～0.43
4		寒冷地区	1.5	未规定	0.40～0.45	0.45～0.50
5		夏热冬冷	未规定	未规定	0.40～0.50	0.60～0.80
6		夏热冬暖	未规定	未规定	0.50～0.80	0.80～1.50
7		温和	未规定	未规定	0.50～0.80	0.80～1.50

续表

序号	建筑类型	气候分区	传热系数限值[W/(m² · K)]			
			非供暖与供暖房间的内墙	供暖房间的内墙	屋顶	外墙
8	居住建筑	严寒 A 区	1.2	未规定	0.20～0.25	0.25～0.50
9		严寒 B 区	1.2	未规定	0.25～0.30	0.30～0.55
10		严寒 C 区	1.5	未规定	0.30～0.40	0.35～0.60
11		寒冷地区	1.5	未规定	0.35～0.45	0.45～0.70
12		夏热冬冷	未规定	未规定	0.80～1.0	1.0～1.5
13		夏热冬暖	未规定	未规定	0.4～0.9	0.7～2.5

刘晔等[113]结合案例分析了住宅入住率及用户采暖情况不同时对户间传热的影响程度。研究表明：当建筑入住率为 20% 时，邻户传热量占总采暖能耗的 65.00%；当建筑入住率为 40% 时，邻户传热量占总采暖能耗的 53.92%；当建筑入住率为 60% 时，邻户传热量占总采暖能耗的 47.6%；当建筑入住率为 80% 时，邻户传热量占总采暖能耗的 31.03%。王随林等[114]应用非稳态传热的数值分析法，分析了两类典型房间（标准层一面外墙、二面外墙）停止供暖后，典型房间室温和与邻室的户间传热温差及围护结构温度分布的变化规律。研究表明：一面外墙建筑停暖后，内墙两侧采暖与未采暖的温差是两面外墙建筑的 1.22 倍。

涂光备和李建兴[115]以天津地区典型住宅为例，研究了居住建筑中不同位置对邻户传热量的影响，均采用集中供暖的用户，邻户传热温差可高达 3～13℃，建筑越节能，该传热温差越小。田雨辰和涂光备[116]建立传热数学模型和运用概率统计的方法，推导了邻室设计温差和邻室设计传热量的计算公式。

房家声[117]针对在不同时入住或邻户无人而可能出现间歇供暖的情况下，探讨了应如何确定邻户墙（或楼板）的热阻值。研究结果表明：在设计分户热计量供暖系统时，因户间传热带来的影响，应由增加分户的隔墙或楼板的保温和增加户内散热设备的容量两方面来解决。文献[118,119]指出：对分户热计量供暖住宅的围护结构，除采用传热系数指标外还应将围护结构内表面衰减倍数作为补充指标。战乃岩和刘晔[120]通过分析邻室存在非采暖房间时的户间传热，发现在内围护结构中楼板所占比例较大，应该加强楼板的保温性能。

文献[121-125]分别对北方分户热计量的邻户分户墙的传热问题以及相关的影响因素进行了研究,同样获得类似的结论。以上的文献研究一方面表明:对于分户热计量的建筑,分户墙的传热在建筑负荷中占有较高的比例,值得工程界和学术界去重视;另一方面也说明就目前而言,针对寒冷地区集中供暖建筑研究居多,针对夏热冬冷气候区建筑邻室传热和冷热计量问题却鲜有报道。

此外,关于采暖空调间歇运行时,建筑邻室传热问题与分户热计量的邻户传热的研究还存在一定区别。采暖空调间歇运行的分户墙传热问题,一侧用户采暖空调设备随生活习惯或工作周期间歇运行,另一侧用户可能存在以下三种情况:①采暖空调连续运行,室内气温维持恒温;②采暖空调间歇运行,室内空气温度随建筑设备启、停而大幅度变化;③采暖空调不运行,室内温度随室外气温周期性变化。可见,当采暖空调间歇运行时,建筑邻室传热问题与各影响因素之间相互耦合,更加复杂;只有从本质上认识空调间歇运行时,内围护结构热响应特征,才能真正降低空调局部空间、间歇运行的建筑能耗。

5. 建筑墙体蓄热、放热及其动态响应

在采暖空调间歇运行时,设备开启时墙体蓄热(冷),设备停止时墙体放热(冷),墙体蓄、放热特性直接影响室内热环境,故空调间歇运行时,建筑墙体蓄热、放热及其动态响应特点对于采暖空调间歇运行节能率和室内舒适度至关重要。采暖空调间歇运行时,墙体蓄热、放热及其相关的墙体热动态相应存在一定的规律性。根据传热先后不同,将墙体蓄热和放热分为两类:Ⅰ类,先加热(冷却)墙体,然后通过墙体表面与周围空气对流以及热辐射达到改善室内舒适度的目的,其典型代表为辐射采暖(供冷);Ⅱ类,先加热(冷却)室内空气,然后通过室内空气与其接触墙体的对流换热进行墙体的蓄热,其典型代表为风机盘管,分体式空调。

针对Ⅰ类采暖空调的墙体蓄热和放热特点,Wang 等[5,84,85]采用模拟和试验方法研究辐射采暖的地板在间歇采暖的室内环境下的放热和蓄热规律。研究表明:当地板放热时,地板表面的热流和温度随放热时间呈指数变化,完全放热的时间约为20h,而该值大小基本不受辐射管网的热水温度和间距的影响,但是辐射地板中保温层与面板层的填充层厚度对其有一定的影响。当地板蓄热时,辐射管网间距为 200mm 时,蓄热时间约为5h,且该值不受填充层厚度与热水温度影响,但是管网间距对其影响非常显著。马超等[126]的研究获得类似的结论,他们的研究还表明:在启动

1～3h 内辐射表面的温度变化速率较高，且填充层越薄，温变速率越高。夏学鹰[127]的理论研究表明：辐射制冷的墙体残余冷量对减少预冷期的能耗起到积极作用，根据不同间歇周期和墙体构造存在最佳的预冷时间。

牛润卓和邓启红[128]关于地板辐射间歇式采暖的研究也显示 4～5h 的预开机时间，地板蓄热接近饱和；间歇停暖的周期不宜超过 7h，间歇时间为 2h，即可保证室内人员的舒适度。刘艳峰和刘加平[46]的研究表明：因负荷设计按照供暖室外计算温度并考虑一定余量计算，当系统在供暖期平均室外温度条件下连续运行时，会造成室内平均温度过高，适当的间歇运行可满足室内热环境要求。间歇供暖时，系统开启和关闭后，室内温度近似地呈指数规律变化，在 1h 内迅速变化。Cho 和 Zaheer-uddin[129,130]研究表明：辐射采暖间歇运行停暖时间低于 5h，辐射表面始终高于 20℃，可以满足室内人员舒适度要求。

针对Ⅱ类采暖空调的墙体蓄热和放热特点，Tsilingiris[131]数值分析了温度分布一致的墙体一侧温度突然变化至某一固定值时，墙体表面的热流变化情况。研究表明：温度变化侧的热流随时间呈指数变化。此外，Tsilingiris[132]模拟墙体的墙体结构对墙体动态热响应的影响规律研究表明：当保温层位置由外表面移向内表面时，热流和温度的反应时间越短，蓄热和放热的动态响应较快。且当室外气温和太阳辐射在逐时变化，室内温度相对稳定的情况下，内表面的热响应速率与日平均热流也存在一定的关系。然而，Tsilingiris[133]研究是基于室内温度瞬间跳跃式升高或降低，是一种理想的模拟状态。而在实际情况下，空调供暖开启时，室内温度降温（升温）的速率不仅受到设备的功率和效率影响，而且受室内家具、人员等因素的影响，很难达到跳跃式温变。

龙恩深[134,135]对室内温度温变特性进行了深入的研究，提出了特征温度和温变指数的概念，任意时刻的室内温度变化均满足以下方程：

$$t = t_\infty - (t_\infty - t_0)e^{-B\tau} \qquad (1.2\text{-}1)$$

式中，t_∞ 为房间稳态时候的特征温度，℃；t_0 为空调采暖开启时刻房间的初始温度，℃；B 为温变指数，受建筑围护结构、建筑家具、采暖设备功率等因素的影响。

龙恩深的研究表明：对于Ⅱ类采暖空调设备房间，室内温度呈指数变化，当温变指数 $B=0$ 时，室内温度跳跃式变化，为 Tsilingiris 所研究的理想状态；温变指数 B 越大，室内气温动态响应越慢。潘黎等[99]在相同工况下实验对比了墙体内保温和外保温热反应速率。研究表明：外墙内保温墙体的房间升（降）温的反应系数大于外墙外保温墙体，热响应速度更快，蓄热负荷更低。

以上墙体蓄、放热特性研究综述表明：学术界把更多重心放在辐射采暖（供冷），而对应用更为普遍的分体式空调房间围护结构动态热响应特性研究少有涉及。不仅如此，空调间歇运行时，建筑围护结构蓄热、放热及动态响应特性的理论研究更加缺乏。只有将这一共性的、更为基础的理论问题研究透彻，才能更好地攻克建筑节能领域的工程实践重大疑难问题。

1.3　研究内容及技术路线

1. 研究内容

尽管前人对空调间歇运行时建筑节能优化设计已经进行了部分研究，成果丰厚，但对于深层次的、共性的、更为基础的建筑围护结构动态热响应特性及其产生机理研究仍然比较缺乏。基于此，本书转变传统的建筑节能研究视角，以围护结构动态热响应理论研究为基础，以典型局部空间——房间为研究对象，抽丝剥茧，力求搞清空调间歇运行房间的围护结构动态热响应特性这一基础科学问题。具体研究工作包括：

（1）通过问卷调查探索建筑内人员生活工作方式与空调运行方式的内在联系，归纳居住和办公建筑的空调间歇运行典型模式，为全文奠定了基础。

（2）理论分析空调启动过程时墙体动态热响应特性，提出表征墙体温度响应速率的时间常数，理论分析各因素对墙体动态热响应特性影响规律。

（3）利用实验和数值方法，研究空调间歇运行时围护结构最佳构造方式，并分析了空调间歇运行时一些特有问题（如邻室漏热）。

（4）以典型房间为局部空间的研究对象，综合分析空调间歇运行时典型房间空调负荷的构成特性以及探索空调间歇运行时，建筑非透明围护结构节能的方向。

2. 技术路线

基于以上的研究内容，本书主要采用问卷调查、理论分析、实验测试及数值模拟等研究方法，以问卷调查研究和墙体动态热响应理论分析为基础，开展空调间歇运行时围护结构最佳构造方式的实验和数值研究，寻找空调间歇运行时，建筑非透明围护结构节能方向和设计策略。本书所依据的课题在研究过程中所采用的技术路线如图 1.3-1 所示。

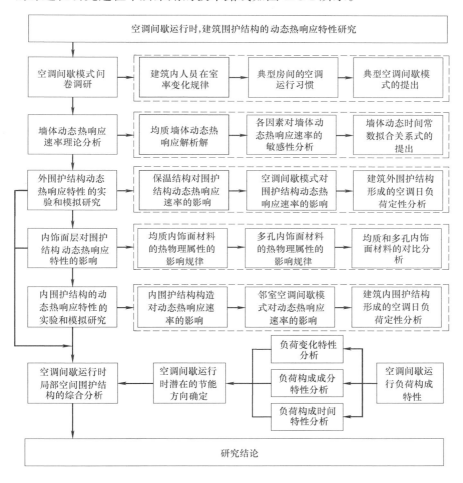

图 1.3-1　课题研究的技术路线

第 2 章　空调间歇运行模式的调查研究

本章目的在于探索建筑内人员生活工作方式与空调运行方式的内在联系，归纳空调间歇的典型运行模式。首先，根据研究目的，设计空调间歇模式的问卷，对居住和办公建筑内人员在室率、空调设备开启习惯以及空调间歇运行时间等问题进行现场和网络问卷调查；其次，分析了建筑内人员行为与空调局部空间间歇运行之间的内在联系，探讨了不同类型建筑房间内空调间歇模式的特点；最终，归纳出居住建筑和办公建筑的空调间歇运行典型模式，为全部研究奠定了基础。

2.1　问卷调查基本情况

目前，许多学者[15,66,78,137-140]已经对夏季空调运行情况做了较多的调查工作，然而其调查重点多集中于夏季空调运行习惯以及影响建筑能耗的相关因素，对于更为基础的空调间歇模式研究较少，尤其是建筑内人员在室率的变化规律与空调间歇模式之间关系研究。针对这一状况，本调查问卷问题设置集中在建筑房间内人员在室规律、空调开启习惯以及空调间歇运行规律三个方面，表 2.1-1 和表 2.1-2 分别为详细的问卷调研表。问卷调查以网络和现场相结合的方式进行，图 2.1-1 给出了网络调查时网站页面的相关照片。

网络调查具体时间为 2015 年 5 月 15 日至 7 月 30 日，网络调查问卷填写网址为 http://www.sojump.com/jq/5410066.aspx，现场问卷调查时间为 2015 年 5 月 15 日至 7 月 15 日。总回收问卷数为 1701 份，其中有效问卷为 1617 份，有效率为 95.06％。在有效问卷中，居住建筑问卷为822 份，其中现场收回的问卷为 217 份；办公建筑问卷为 795 份，其中现场收回的问卷为 182 份。

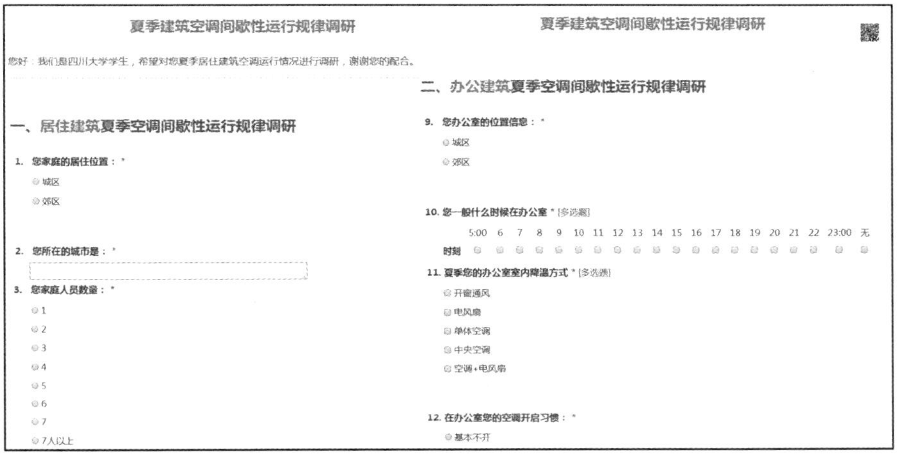

图 2.1-1 网络调查的网站页面

居住建筑夏季空调间歇运行规律调查 **表 2.1-1**

1. 您家庭的基本情况—

居住位置：城区□ 郊区□；家庭人员数量：__________；城市：__________

2. 您及家人在家时间情况—

退休老人：0:00 1:00 2:00 3:00 4:00 5:00 6:00 7:00 8:00 9:00 10:00 11:00 12:00 13:00 14:00 15:00 16:00 17:00 18:00 19:00 20:00 21:00 22:00 23:00 24:00 无□

上班人员：0:00 1:00 2:00 3:00 4:00 5:00 6:00 7:00 8:00 9:00 10:00 11:00 12:00 13:00 14:00 15:00 16:00 17:00 18:00 19:00 20:00 21:00 22:00 23:00 24:00 无□

家庭主妇：0:00 1:00 2:00 3:00 4:00 5:00 6:00 7:00 8:00 9:00 10:00 11:00 12:00 13:00 14:00 15:00 16:00 17:00 18:00 19:00 20:00 21:00 22:00 23:00 24:00 无□

15～20 岁：0:00 1:00 2:00 3:00 4:00 5:00 6:00 7:00 8:00 9:00 10:00 11:00 12:00 13:00 14:00 15:00 16:00 17:00 18:00 19:00 20:00 21:00 22:00 23:00 24:00 无□

5～15 岁：0:00 1:00 2:00 3:00 4:00 5:00 6:00 7:00 8:00 9:00 10:00 11:00 12:00 13:00 14:00 15:00 16:00 17:00 18:00 19:00 20:00 21:00 22:00 23:00 24:00 无□

3. 您及家人夏季室内降温手段—

开窗通风 □ 电风扇 □ 单体空调 □ 中央空调 □ 空调+电风扇 □

4. 夏季您及家人空调开启习惯—

基本不开 □ 非常热的时候开启 □ 比较热的时候开启 □

稍有热感就开启 □ 进屋就开启 □ 一直开启 □

5. 您家庭空调日平均运行小时数—

低于 2 小时□ 3～5 小时□ 6～8 小时□ 9～11 小时□ 12～14 小时□ 高于 15 小时□

6. 主要房间空调运行时段—

客(餐)厅：

```
      1:00  3:00  5:00  7:00  9:00  11:00  13:00  15:00  17:00  19:00  21:00  23:00
  0:00  2:00  4:00  6:00  8:00  10:00  12:00  14:00  16:00  18:00  20:00  22:00  24:00
```

主卧室：

```
      1:00  3:00  5:00  7:00  9:00  11:00  13:00  15:00  17:00  19:00  21:00  23:00
  0:00  2:00  4:00  6:00  8:00  10:00  12:00  14:00  16:00  18:00  20:00  22:00  24:00
```

次卧室：

```
      1:00  3:00  5:00  7:00  9:00  11:00  13:00  15:00  17:00  19:00  21:00  23:00
  0:00  2:00  4:00  6:00  8:00  10:00  12:00  14:00  16:00  18:00  20:00  22:00  24:00
```

调查人：_____　时间:2015-_____　城市:_____

居住建筑夏季空调间歇运行规律调查　　表 2.1-2

1. 您办公室的基本情况—

办公位置:城区 □　郊区 □;办公室人员数量：　　　　城市：

2. 您在办公室的时间段—

```
      1:00  3:00  5:00  7:00  9:00  11:00  13:00  15:00  17:00  19:00  21:00  23:00
  0:00  2:00  4:00  6:00  8:00  10:00  12:00  14:00  16:00  18:00  20:00  22:00  24:00
```

3. 夏季您在办公室的室内降温手段—

开窗通风 □　电风扇 □　单体空调 □　中央空调 □　空调＋电风扇 □

4. 在办公室您空调开启习惯—

基本不开 □　非常热的时候开启 □　比较热的时候开启 □

稍有热感就开启 □　进屋就开启 □　一直开启 □

5. 您在办公室时空调关闭习惯—

离开情况	是否关闭空调				
	从不	很少	有时	经常	总是
午饭	□	□	□	□	□
开会	□	□	□	□	□
离开 1～3 小时	□	□	□	□	□
夜间	□	□	□	□	□
度假	□	□	□	□	□

6. 您在办公室的空调日平均运行小时数—

低于 2 小时 □　3～5 小时 □　6～8 小时 □　9～11 小时 □　12～14 小时 □

高于 15 小时 □

7. 您在办公室的空调运行时段—

```
      1:00  3:00  5:00  7:00  9:00  11:00  13:00  15:00  17:00  19:00  21:00  23:00
  0:00  2:00  4:00  6:00  8:00  10:00  12:00  14:00  16:00  18:00  20:00  22:00  24:00
```

调查人：_____　时间：_____　城市：_____

表 2.1-3 和表 2.1-4 分别给出了反馈问卷者的气候区域分布统计情况。可以看出：在夏热冬冷地区的问卷最多，占 36％以上；其次为夏热冬暖地区，占 21％以上；再次为温和及寒冷地区，分别占 19％和 18％左右；严寒地区收回问卷数量最少。通过问卷有效性分析发现：在严寒地区尤其是居住建筑，空调使用率极低，而且严寒地区收回问卷比例较低，难以代表整个气候区域，因此严寒地区问卷不计入调查结果统计分析。

反馈问卷者的气候区域分布统计表-居住建筑（份数：822）表 2.1-3

序号	气候区域	反馈问卷排名前三的城市	数量	比例
1	严寒地区	哈尔滨、长春	42 份	5.11％
2	寒冷地区	北京、兰州、西安	142 份	17.27％
3	温和地区	昆明、贵阳	156 份	18.98％
4	夏热冬冷地区	成都、上海、合肥	296 份	36.01％
5	夏热冬暖地区	广州、深圳、厦门	186 份	22.63％

反馈问卷者的气候区域分布统计表-办公建筑（份数：795）表 2.1-4

序号	气候区域	反馈问卷排名前三的城市	数量	比例
1	严寒地区	沈阳、长春	32 份	4.03％
2	寒冷地区	北京、西安、兰州	146 份	18.36％
3	温和地区	昆明、贵阳	155 份	19.50％
4	夏热冬冷地区	成都、上海、合肥	294 份	36.98％
5	夏热冬暖地区	广州、深圳、厦门	168 份	21.13％

2.2 问卷调查的统计结果及分析

1. 建筑内人员在室率

建筑内人员作息规律是空调设备运行基础，尤其是建筑内人员在室率是空调局部空间、间歇运行存在的最根本问题，因此问卷调查的第一问题即为建筑内人员在室率的调查统计。

图 2.2-1 给出了居住建筑人员在室率的变化情况。可以看出：夜间家庭人员在室率 100％，而白天由于作息规律和工作的不同，不同家庭成员

逐时在室率差异明显。退休人员与全职家庭主妇的逐时在室率基本一致，其工作和活动中心多集中在家中，人员在室率约为80%；其次为5～15岁家庭成员（调查期间为暑假），生活和学习习惯较好，人员在室率逐时波动呈现对称状；再次为15～20岁家庭成员，活力充沛，晚上活动稍显频繁，早上起床稍晚，因此该类家庭成员早上在室率普遍较高，晚上在室率相对较低；居住建筑中几类人群中，上班人员在室率最低，尤其是8：00～18：00的上班时段，人员最高在室率不足20%。此外，不难发现：在12：00和18：00时，居住建筑内人员在室率均可以观察到明显的波峰，其原因在于该时刻一般为中饭和晚饭时间，故而居住建筑内人员在室率会出现波峰。

　　图2.2-2给出了办公建筑人员在室率的变化情况。可以看出：在8：00～18：00的上班时段，办公建筑内上班人员在室率较高，平均在室率高达85%以上，尤其是10：00和16：00，上班人员在时率接近100%；而在18：00～22：00时间段内，尽管不在上班时间段内，但是由于个别工作加班，办公建筑内上班人员在室率的平均值为25%左右。另一方面，通过居住建筑和办公建筑内上班人员的逐时在室率对比发现：上班人员在居住建筑和办公建筑的逐时在室率变化恰好相反，其原因是：上班人员在居住建筑和办公建筑的局部空间流动性产生，突出了建筑内人员局部空间的存在特性。

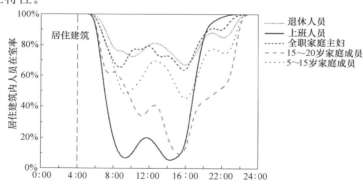

图2.2-1　居住建筑人员在室率的变化情况

2. 夏季室内降温方式

　　图2.2-3给出了夏季居住建筑室内主要降温方式的统计情况。可以看出：在不同气候地区，居住建筑降温方式的选择差异明显。温和地区气候适宜，尤其在提交问卷较多的昆明地区，一年四季如春，采用风扇和开窗

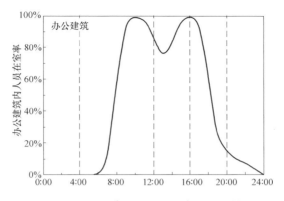

图 2.2-2　办公建筑人员在室率的变化情况

通风即可保证良好的室内热环境，因此在温和地区，夏季室内降温以风扇和开窗通风为主，占 70% 以上；而在寒冷地区、夏热冬冷及夏热冬暖地区，室内降温方式比较类似，以空调（包括中央空调和单体空调）和空调＋风扇为主，占 70% 以上。

　　图 2.2-4 给出夏季办公建筑室内主要降温方式的统计情况。同样可以看出：在温和地区的夏季降温方式仍以开窗通风和电风扇为主，该两项比例超过 65%；而在寒冷、夏热冬冷及夏热冬暖地区以空调（包括中央空调和单体空调）为主，占 70% 以上；其次为电风扇以及空调＋电风扇为主，占 10%～20%。与居住建筑相比，办公建筑内中央空调作为夏季主要降温方式比例明显增加，夏热冬暖地区的办公建筑内中央空调的使用比例接近 50%，在严寒和夏热冬冷地区的办公建筑内中央空调的使用比例也超过 30%。

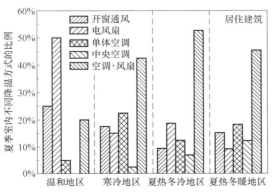

图 2.2-3　夏季居住建筑室内降温方式的统计情况

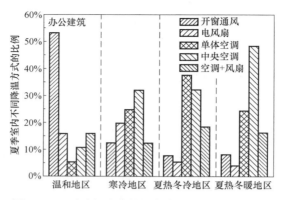

图 2.2-4　夏季办公建筑室内降温方式的统计情况

3. 夏季空调启停习惯

图 2.2-5 给出了夏季居住建筑空调开启习惯的统计情况。可以看出：在气候适宜的温和地区，接近 70% 的人员基本不开空调；而在寒冷、夏热冬冷及夏热冬暖地区，12%～28% 的人员基本不开空调，65% 以上人员在非常热的时候或比较热的时候才开启空调，低于 4% 的人员选择进屋就开启空调；仅在夏热冬冷及夏热冬暖地区，分别有低于 1% 和低于 4% 选择一直开启空调。这表明：目前我国居住建筑的空调开启习惯还处于满足内部人员生活的基本宜居需求，属于"宜居性"阶段，因此在居住建筑中，空调必然经历频繁地开启、关闭。调查中还发现：在居住建筑中，人员穿衣更为轻便、随意，更偏向于通过减少穿衣来调节人体的热感觉。

图 2.2-6 给出了夏季办公建筑空调开启习惯的统计情况。可以看出：在气候适宜的温和地区空调开启率仍然较低，约 55% 的人员选择基本不开空调；而在寒冷地区、夏热冬冷及夏热冬暖地区，20%～30% 的人员选择比较热的时候开启空调，18%～20% 的人员选择稍有热感就开启空调，10%～20% 的人员选择进屋就开启空调，10%～18% 的人员选择一直开启空调。以上数据分析表明：在办公建筑内，人们对舒适度的要求较高，基本达到"舒适性"阶段。

该现象的原因有以下几个方面：（1）办公建筑人员对工作效率要求较高，对工作环境的舒适度要求相应较高；（2）30%～50% 的办公建筑都安装中央空调，具备提供舒适性环境的硬件条件；（3）与居住建筑内人员衣着随意、轻便相比，办公建筑内人员衣着更为正规，热阻较大，因此办公建筑对热环境要求比居住建筑苛刻。

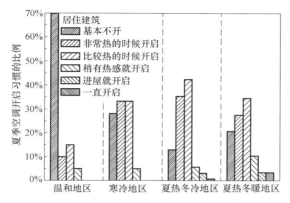

图 2.2-5　夏季居住建筑空调开启习惯的统计情况

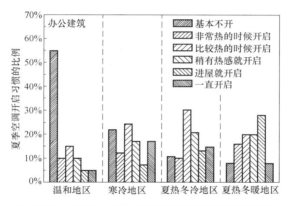

图 2.2-6　夏季办公建筑空调开启习惯的统计情况

图 2.2-7 给出了办公建筑空调关闭习惯的统计情况。可以看出：办公人员在较短时间离开办公室时，如午饭、短时间开会以及离开 1～3h，50％～60％的办公人员有关闭空调的习惯。而长时间离开办公室时，如夜晚下班或外出度假，90％以上的办公人员均有随时关闭空调的习惯。调查数据表明：办公建筑中，人们具有较强的人为节约意识，进一步表明空调间歇运行符合使用者的习惯。

4. 空调间歇模式

图 2.2-8 给出了夏季居住建筑的空调日运行小时数的统计情况。可以看出：在气候适宜的温和地区，超过 60％空调的日平均运行时间低于 1h；寒冷地区的空调日平均运行时间低于 4h（包括低于 1h 以及 1～4h），占

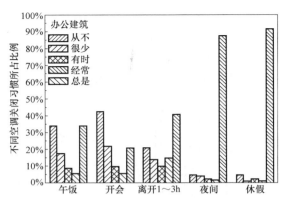

图 2.2-7　办公建筑空调关闭习惯的统计情况

85％以上；夏热冬冷和夏热冬暖地区的空调日平均运行时间低于 8h（包括低于 1h、1～4h 以及 5～8h），占 70％以上。

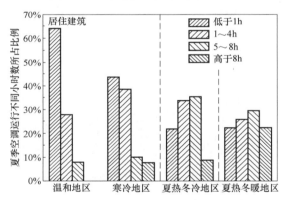

图 2.2-8　夏季居住建筑空调日运行小时数的统计情况

　　图 2.2-9 给出了夏季办公建筑空调日运行小时数的统计情况。可以看出：空调日平均运行小时数要明显高于居住建筑，在气候适宜的温和地区，超过 50％空调的日平均运行时间低于 1h；寒冷及夏热冬冷地区的空调日平均运行小时数在 5～8h，占 45％以上；而夏热冬暖地区的空调日平均运行小时数高于 5h 的比例较高，接近 90％。对比四个气候区的空调运行小时数不难发现，空调运行时间排序为：夏热冬暖地区＞夏热冬冷地区＞寒冷地区＞温和地区。综上所述，居住建筑空调日平均运行小时数为 1～4h，而办公建筑空调日平均运行小时数为 5～8h，表明空调日平均运行小时数仅为一日的 4％～30％。

图 2.2-10 给出夏季居住建筑空调逐时运行的统计情况。可以看出：居住建筑中不同功能房间的空调运行时间差异巨大，甚至截然相反；客厅和餐厅空调逐时运行曲线呈现"三峰型"的波动特征，波峰出现时刻与一天三餐基本一致，而波谷位置是一天上班高峰时期和半夜时期。而主卧室和次卧室空调逐时运行曲线呈现"双峰型"的波动特征，波峰出现在午休和晚上刚刚入睡之时，波谷出现在上班高峰期。

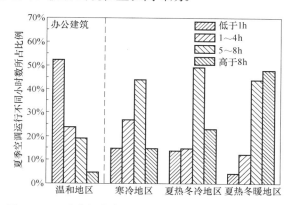

图 2.2-9 夏季办公建筑空调日运行小时数的统计情况

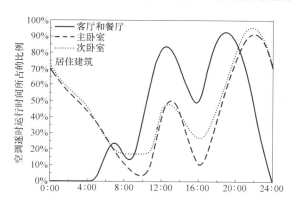

图 2.2-10 夏季居住建筑空调逐时运行的统计情况

图 2.2-11 给出夏季办公建筑空调逐时运行的统计情况。可以看出：办公建筑空调逐时运行曲线也呈现"双峰型"的波动特征，但是波峰出现时刻与居住建筑的卧室截然相反。在 8：00～18：00 的时间段内，空调平均运行的比例在 85％以上，中午 13：00 午休时间出现低谷；而在 0：00～5：00 和 23：00～24：00 的时间段内，办公人员下班，空调停止运行。

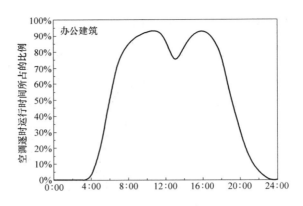

图 2.2-11　夏季办公建筑空调逐时运行的统计情况

2.3　典型空调间歇运行模式

　　根据问卷调查的分析结果，图 2.3-1 分别给出居住建筑和办公建筑夏季空调间歇运行的典型模式。模式 1 代表典型的居住建筑客厅和餐厅空调运行模式，空调主要运行时间为一日三餐以及夜晚休闲时间，空调日运行时间为 6h；模式 2 代表典型的居住建筑的卧室空调运行模式，空调主要运行时间为午休以及夜间休息的时间阶段，空调日运行时间为 4h；模式 3 代表典型办公建筑中，空调在 8：00～18：00 时间段内连续运行，中间午休时间空调连续运行，空调日运行时间为 10h；模式 4 代表典型的办公建筑空调上午和下午各间歇运行 4h 运行模式，空调日运行时间为 8h，与模式 3 相比，中午空调停止运行 2h。

　　需要特别说明，尽管以上四种夏季空调间歇运行模式难以代表所有的夏季空调间歇运行模式，但是该四种模式是基于问卷调查，充分考虑居住建筑和公共建筑内人员在室率以及空调运行的习惯，基本上覆盖绝大部分空调运行的习惯。

2.4　本章小结

　　本章对居住和办公建筑内人员在室规律、空调设备启停习惯以及空调间歇运行时间等相关问题进行问卷调查，得出以下结论：

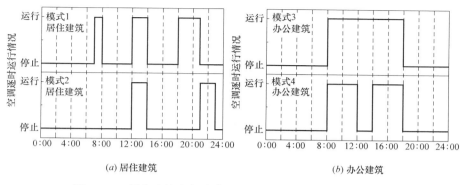

图 2.3-1　居住建筑和办公建筑夏季空调间歇运行的典型模式

（1）居住建筑内不同家庭成员在室率差异明显。在 8：00～18：00 的时间段，家庭主妇和退休人员在室率最高，约 80%，而上班人员在室率最低，低于 20%，办公建筑在上班期间的人员在室率高达 85%。

（2）居住建筑对室内热环境要求还处于"宜居性"阶段，而办公建筑对室内热环境基本达到"舒适性"阶段。目前，建筑中的人员具有较强人为节约意识，空调日平均运行小时数仅为一日的 4%～30%，为空调间歇运行提供充分条件。

（3）客厅和餐厅空调逐时运行呈现"三峰型"的波动特征，波峰与一日三餐时间一致；主卧室和次卧室空调逐时运行呈现"双峰型"的波动特征，波峰出现在午休和晚上刚刚入睡之时。

（4）办公建筑空调逐时运行规律也呈现"双峰型"的波动特征，在 8：00～18：00 的时间段内，空调运行的平均比例在 85% 以上。

（5）根据人员在室率和空调运行习惯，归纳了居住和办公建筑的空调间歇运行典型模式，为全文研究奠定了基础。

第3章 空调启停过程墙体动态
热响应理论研究

本章主要目的在于理论分析空调启停过程中，均质墙体的动态热响应规律及动态传热特性。首先，理论推导空调启停过程中室温突变时，墙体各层温度和热流随时间变化的解析解，并提出表征墙体内表面温变速率的时间常数的数学表达式。其次，基于温度和热流变化的解析解，分析各因素对墙体内表面温度和热流响应速率的影响规律。再次，提出室温突变时，墙体内表面温变时间常数的拟合关联式。最后，在实际空调开启过程中，分析了墙体内表面热响应特性并得到墙体温变时间常数的拟合关联式。

3.1 室温突变时均质墙体的动态传热理论分析

1. 均质墙体物理模型

当空调间歇运行时，空调设备经常性地开启和停止，室内气温突变，即墙体内扰瞬态发生；而室外气温相对稳定，即墙体外扰几乎不变。图 3.1-1 (a) 给出了均质墙体模型，基准墙体厚度和高度分别为 δ 和 L。建立墙体动态响应传热控制方程，内外表面均为第三类边界条件。为了便于分析计算，对墙体两侧的气温进行理想化的假设，如图 3.1-1 (b) 所示。

（1）室内空调间歇运行的启动阶段，室外气温 T_{out} 维持不变；

（2）室内空调间歇运行的启动阶段，室内气温 T_{in} 突变，即当 $t = 0$ 时，$T_{in} = T_0$；当 $t > 0$ 时，$T_{in} = T_\infty$。

2. 墙体一维传热模型

对于如图 3.1-1 (a) 所示的均质墙体模型，墙体传热始终在内表面和外表面中进行，可将三维墙体传热简化为沿着墙体厚度方向的一维传热，设 x 为墙体厚度方向，根据墙体的能量守恒，墙体的一维瞬态传热能量方程描述如下：

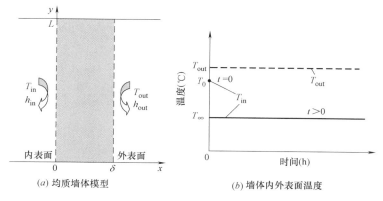

(a) 均质墙体模型　　　　　　(b) 墙体内外表面温度

图 3.1-1　均质墙体模型和热边界条件

$$\frac{\partial T(x,t)}{\partial t}=\frac{\partial}{\partial x}\left(\frac{\lambda}{\rho C_{p}}\frac{\partial T(x,t)}{\partial x}\right) \tag{3.1-1}$$

式中：T 为墙体温度，℃；t 代表传热时间，s；ρ 表示材料密度，kg/m³；C_{p} 表示材料的热容，J/(kg·K)；λ 表示材料导热系数，W/(m·K)；x 是沿着墙体厚度方向坐标轴，m。

由于本节理论分析对象为均质墙体，墙体材料的属性 λ、ρ、C_{p} 与 x 无关，故而，能量方程（3.1-1）简化如下：

$$\frac{\partial T(x,t)}{\partial t}=\frac{\lambda}{\rho C_{p}}\frac{\partial^{2}T(x,t)}{\partial x^{2}} \tag{3.1-2}$$

初始边界条件（$t=0$），墙体内部温度分布如下：

$$T(x,0)=T_{0}-\frac{T_{0}-T_{\text{out}}}{\dfrac{1}{h_{\text{out}}}+\dfrac{\delta}{\lambda}+\dfrac{1}{h_{\text{in}}}}\left(\frac{x}{\lambda}+\frac{1}{h_{\text{in}}}\right)=T_{0}-\frac{h_{\text{out}}h_{\text{in}}(T_{0}-T_{\text{out}})}{h_{\text{in}}\lambda+h_{\text{out}}h_{\text{in}}\delta+h_{\text{out}}\lambda}\left(x+\frac{\lambda}{h_{\text{in}}}\right)$$

$$\tag{3.1-3}$$

当 $t>0$ 时，在墙体内表面，即 $x=0$：

$$-\lambda\left.\frac{\partial T(x,t)}{\partial x}\right|_{x=0}=h_{\text{in}}(T_{1,\text{in}}-T(0,t)) \tag{3.1-4}$$

在墙体外表面，即 $x=\delta$：

$$-\lambda\left.\frac{\partial T(x,t)}{\partial x}\right|_{x=\delta}=h_{\text{out}}(T(\delta,t)-T_{1,\text{out}}) \tag{3.1-5}$$

式中：T_0 和 T_{out} 分别为室内空气初始温度和室外气温，℃；$T_{1,out}$ 和 $T_{1,in}$ 分别为墙体外表面和内表面温度，℃；h_{out} 和 h_{in} 分别为墙体外表面和内表面的对流换热系数，W/(m² · K)。

3. 传热模型求解

将非齐次边界（方程 3.1-4 和 3.1-5）条件下的一维非稳态导热问题（方程 3.1-2）分解为以下两个问题分析：

（Ⅰ）非齐次边界的稳态导热问题；

（Ⅱ）齐次边界的非稳态导热问题。

故而，可将墙体内部的温度 $T(x，t)$ 假设成为两个组成部分，即：

$$T(x,t)=T_S(x)+T_U(x,t) \tag{3.1-6}$$

式中：$T_S(x)$ 为非齐次边界的稳态导热问题控制方程；$T_U(x，t)$ 为齐次边界的非稳态导热问题控制方程；

对于问题（Ⅰ）非齐次边界的稳态导热问题；

$$\begin{cases} \dfrac{\partial^2 T_S(x)}{\partial x^2}=0 & 0<x<\delta \\[2mm] -\lambda \dfrac{\partial T_S(x)}{\partial x}\bigg|_{x=0}+h_{in}T_S(0)=h_{in}T_{in} & x=0 \\[2mm] \lambda \dfrac{\partial T_S(x)}{\partial x}\bigg|_{x=\delta}+h_{out}T_S(\delta)=h_{out}T_{out} & x=\delta \end{cases} \tag{3.1-7}$$

对方程（3.1-7）进行求解

$$T_S(x)=-\frac{h_{in}h_{out}(T_\infty-T_{out})}{\lambda h_{in}+h_{in}h_{out}\delta+\lambda h_{out}}x+\frac{\delta h_{in}h_{out}T_\infty+\lambda h_{in}T_\infty+\lambda h_{out}T_{out}}{\lambda h_{in}+h_{in}h_{out}\delta+\lambda h_{out}}$$

$$\tag{3.1-8}$$

当 $t=0$ 时：

$$T_U(x,0)=T(x,0)-T_S(x) \tag{3.1-9}$$

将方程（3.1-3）和（3.1-8）带入方程（3.1-9）中并整理，可得：

$$T_U(x,0)=T_0+\frac{h_{in}h_{out}(T_\infty-T_0)}{\lambda h_{in}+h_{in}h_{out}\delta+\lambda h_{out}}x-\frac{h_{out}T_0\lambda+h_{in}T_\infty\lambda+\delta h_{in}h_{out}T_\infty}{\lambda h_{in}+h_{in}h_{out}\delta+\lambda h_{out}}$$

$$\tag{3.1-10}$$

结合方程（3.1-10），对于问题（Ⅱ）的齐次边界的非稳态导热问题；

$$\begin{cases} \dfrac{\partial T_U(x,t)}{\partial t}=\dfrac{\lambda}{\rho C_p}\dfrac{\partial^2 T_U(x,t)}{\partial x^2} & 0<x<\delta, t>0 \\[2mm] -\lambda\dfrac{\partial T_U(x,t)}{\partial x}\bigg|_{x=0}+h_{in}T_U(0,t)=0 & x=0 \\[2mm] \lambda\dfrac{\partial T_U(x,t)}{\partial x}\bigg|_{x=\delta}+h_{out}T_U(\delta,t)=0 & x=\delta \\[2mm] T_U(x,0)=T_0+\dfrac{h_{in}h_{out}(T_\infty-T_0)}{\lambda h_{in}+h_{in}h_{out}\delta+\lambda h_{out}}x-\dfrac{h_{out}T_0\lambda+h_{in}T_\infty\lambda+\delta h_{in}h_{out}T_\infty}{\lambda h_{in}+h_{in}h_{out}\delta+\lambda h_{out}} \end{cases}$$

$$(3.1\text{-}11)$$

令

$$T_U(x,t)=X(x)\cdot T(t) \qquad (3.1\text{-}12)$$

对方程组（3.1-11）进行分离变量求解得：

关于 $T(t)$ 的函数求解得：

$$T(t)=\exp\left(-\dfrac{\lambda}{\rho C_p}\beta^2\dfrac{t}{\delta^2}\right) \qquad (3.1\text{-}13)$$

式中：β 为 $T(t)$ 的函数特征值。

关于 $X(x)$ 的函数求解得：

$$X(x)=A\cos\left(\beta\dfrac{x}{\delta}\right)+B\sin\left(\beta\dfrac{x}{\delta}\right) \qquad (3.1\text{-}14)$$

根据方程（3.1-11）的边界条件：

$$\begin{cases} -\lambda\dfrac{\partial X(x)}{x}+h_{in}X(x)=0 & x=0 \\[2mm] \lambda\dfrac{\partial X(x)}{x}+h_{out}X(x)=0 & x=\delta \end{cases} \qquad (3.1\text{-}15)$$

为了便于描述，令

$$Bi_1=\dfrac{h_{in}\delta}{\lambda} \quad Bi_2=\dfrac{h_{out}\delta}{\lambda} \qquad (3.1\text{-}16)$$

对方程（3.1-14）进行求解，可得：

$$X_n=\cos\left(\beta_n\dfrac{x}{\delta}\right)+\dfrac{Bi_1}{\beta}\sin\left(\beta_n\dfrac{x}{\delta}\right) \qquad (3.1\text{-}17)$$

将方程（3.1-17）带入方程组（3.1-14）的第二方程，并整理可得：

$$\tan(\beta_n)=\dfrac{\beta_n(Bi_1+Bi_2)}{\beta_n^2-Bi_1Bi_2} \qquad (3.1\text{-}18)$$

根据超越方程（3.1-18）可以求出一系列的 β_n，即 $\cdots\beta_{-3}$，β_{-2}，β_{-1}，β_0，β_1，β_2，$\beta_3\cdots$。

对方程（3.1-18）进行进一步的运算可知：

$$\beta_n = -\beta_{-n} \tag{3.1-19}$$

对方程（3.1-18）进行进一步的运算可知：

$$X_{-n} = \cos\left(\beta_{-n}\frac{x}{\delta}\right) + \frac{Bi_1}{\beta_{-n}}\sin\left(\beta_{-n}\frac{x}{\delta}\right) = \cos\left(\beta_n\frac{x}{\delta}\right) + \frac{Bi_1}{\beta_n}\sin(\beta_n\frac{x}{\delta}) = X_n$$

$$\tag{3.1-20}$$

故而级数的项数目可简化为 0-∞

因此：

$$T_U(x,t) = \sum_{n=0}^{\infty} C_n\left[\cos\left(\beta_n\frac{x}{\delta}\right) + \frac{Bi_1}{\beta}\sin\left(\beta_n\frac{x}{\delta}\right)\right]\exp\left(-\frac{\lambda}{\rho C_P}\beta_n^2\frac{t}{\delta^2}\right)$$

$$\tag{3.1-21}$$

当 $t=0$ 时：

$$T_U(x,0) = \sum_{n=0}^{\infty} C_n X_n \tag{3.1-22}$$

式中 C_n 为级数的系数

$$C_n = \frac{\int_0^\delta T_U(x,0)X_n dx}{\int_0^\delta X_n^2 dx} \tag{3.1-23}$$

因此，均质墙体的内部温度分布的解析解为：

$$T(x,t) = T_S(x) + T_U(x,t)$$

$$= \frac{h_{in}h_{out}(T_\infty - T_{out})}{\lambda h_{in} + h_{in}h_{out}\delta + \lambda h_{out}}x + \frac{\delta h_{in}h_{out}T_\infty + \lambda h_{in}T_\infty + \lambda h_{out}T_{out}}{\lambda h_{in} + h_{in}h_{out}\delta + \lambda h_{out}}$$

$$+ \sum_{n=0}^{\infty} C_n\left[\cos\left(\beta_n\frac{x}{\delta}\right) + \frac{Bi_1}{\beta}\sin\left(\beta_n\frac{x}{\delta}\right)\right]\cdot\exp\left(-\frac{\lambda}{\rho C_P}\beta_n^2\frac{t}{\delta^2}\right)$$

$$\tag{3.1-24}$$

根据方程（3.1-24），墙体内部热流分布的解析解：

$$q(x,t) = -\lambda\frac{\partial T}{\partial x}$$

$$= \frac{\lambda h_{in}h_{out}(T_\infty - T_{out})}{\lambda h_{in} + h_{in}h_{out}\delta + \lambda h_{out}} + \lambda\sum_{n=0}^{\infty} C_n\left[\frac{\beta}{\delta}\sin\left(\beta_n\frac{x}{\delta}\right) - \frac{Bi_1}{\delta}\cos\left(\beta_n\frac{x}{\delta}\right)\right]\cdot$$

$$\exp\left(-\frac{\lambda}{\rho C_P}\beta_n^2\frac{t}{\delta^2}\right) \tag{3.1-25}$$

方程（3.1-16）～（3.1-19）中，相关特征数的定义如下：

β 为以下超越方程的一组特征值

$$\tan(\beta) = \frac{\beta(Bi_1 + Bi_2)}{\beta^2 - Bi_1 Bi_2}$$

$$C_n = \frac{\int_0^\delta \left[T_0 + \frac{h_{in} h_{out} (T_\infty - T_0)}{\lambda h_{in} + h_{in} h_{out} \delta + \lambda h_{out}} x - \frac{h_{out} T_0 \lambda + h_{in} T_\infty \lambda + \delta h_{in} h_{out} T_\infty}{\lambda h_{in} + h_{in} h_{out} \delta + \lambda h_{out}} \right] \left[\cos\left(\beta_n \frac{x}{\delta} \right) + \frac{Bi_1}{\beta} \sin\left(\beta_n \frac{x}{\delta} \right) \right] dx}{\int_0^\delta \left[\cos\left(\beta_n \frac{x}{\delta} \right) + \frac{Bi_1}{\beta} \sin\left(\beta_n \frac{x}{\delta} \right) \right]^2 dx}$$

其中：

$$Bi_1 = \frac{h_{in} \delta}{\lambda} \quad Bi_2 = \frac{h_{out} \delta}{\lambda}$$

因此，在方程（3.1-4）和（3.1-5）的边界条件以及方程（3.1-3）初始条件下，均质墙体的内表面（$x=0$）温度分布的解析解为：

$$T(0,t) = \frac{\delta h_{in} h_{out} T_\infty + \lambda h_{in} T_\infty + \lambda h_{out} T_{out}}{\lambda h_{in} + h_{in} h_{out} \delta + \lambda h_{out}} + \sum_{n=0}^\infty C_n \exp\left(-\frac{\lambda}{\rho C_P} \beta_n^2 \frac{t}{\delta^2} \right)$$

$$(3.1\text{-}26)$$

根据方程（3.1-25），墙体内表面（$x=0$）热流分布的解析解：

$$q(0,t) = \frac{\lambda h_{in} h_{out} (T_\infty - T_{out})}{\lambda h_{in} + h_{in} h_{out} \delta + \lambda h_{out}} - \frac{\lambda Bi_1}{\delta} \sum_{n=0}^\infty C_n \exp\left(-\frac{\lambda}{\rho C_P} \beta_n^2 \frac{t}{\delta^2} \right)$$

$$(3.1\text{-}27)$$

因此，在任意 τ 时刻，墙体内表面任意时刻传热量的累计值定义如下：

$$Q(\tau) = \int_0^\tau q(0,t) dt$$

$$= \int_0^\tau \left\{ \frac{\lambda h_{in} h_{out} (T_\infty - T_{out})}{\lambda h_{in} + h_{in} h_{out} \delta + \lambda h_{out}} - \frac{\lambda Bi_1}{\delta} \sum_{n=0}^\infty C_n \exp\left(-\frac{\lambda}{\rho C_P} \beta_n^2 \frac{t}{\delta^2} \right) \right\} dt$$

$$= \frac{\lambda h_{in} h_{out} (T_\infty - T_{out})}{\lambda h_{in} + h_{in} h_{out} \delta + \lambda h_{out}} \tau + \sum_{n=0}^\infty C_n \frac{\rho C_P \delta Bi_1}{\beta_n^2} \left[\exp\left(-\frac{\lambda}{\rho C_P} \beta_n^2 \frac{\tau}{\delta^2} \right) - 1 \right]$$

$$(3.1\text{-}28)$$

为了表征墙体任意层温度随室内气温扰动的变化速率问题，引入温变因子的概念，记作 η：

$$\eta(x,t) = \frac{T(x,t) - T(x,0)}{T(x,\infty) - T(x,0)} = \frac{\sum_{n=0}^\infty \left[C_n X_n - 1 \right] \exp\left(-\frac{\lambda}{\rho C_P} \beta_n^2 \frac{t}{\delta^2} \right)}{\sum_{n=0}^\infty C_n X_n}$$

$$(3.1\text{-}29)$$

为了与传统集中参数法相统一，我们引入时间常数的概念，即温变因子 $\eta = 63.2\%$，此时方程（3.1-29）转化为：

$$\sum_{n=0}^{\infty} C_n X_n \cdot \left[\exp\left(-\frac{\lambda}{\rho C_P} \beta_n^2 \frac{t}{\delta^2} \right) - 0.368 \right] = 0 \qquad (3.1\text{-}30)$$

即当某个时刻，能够满足方程（3.1-30）时，表明该层温度变化已经完成了 63.2%。在本章的研究中，该时点是用于判断墙体温变速率的基准点，而时间常数则表征墙体温度响应速率的快慢，时间常数越大，墙体热响应速率越慢；反之，时间常数越小，墙体热响应速率越快。

3.2　基于理论分析的均质墙体动态热响应研究

1. 均质墙体模型和测点布置

为了进一步分析在室温突变时基准均质墙体的动态热响应速率问题，

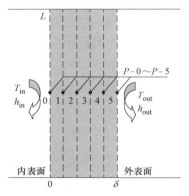

图 3.2-1　墙体模型及测点
（P-0～P-5）布置

在图 3.1-1（a）的均质墙体中从内表面到外表面，等间距布置 6 个测点，即 P-0～P-5，如图 3.2-1 所示。基准均质墙体模型的墙体基本属性如下：墙体厚度为 120mm，材料的密度为 1000kg/m^3，比热容为 1500J/（kg·K），导热系数为 0.5W/（m·K），室内外对流换热系数均为 8.7 W/（m^2·K）。

需要特别指出：本文采用"冷量"来表征热量变化的释放，"蓄冷量"来表征墙体被冷却后，所释放出的热量。即对于夏季空调开启时，热量由内表面传入室内，墙体蓄热量降低，则描述为"夏季空调开启时，冷量由室内传入墙体，墙体蓄冷量增加"。

2. 空调开启时均质墙体动态热响应规律

空调开启时，室内空气由初始温度 35℃ 突变至设计温度 25℃，室外气温仍维持 35℃。图 3.2-2（a）给出了空调开启时，均质墙体测点 P-0～P-5 的温度变化曲线。可以看出：墙体内表面测点 P-0 并未如室内气温突然降低，但是受室内气温突变直接影响，温变速率较高。其次，随着 P-0

的温度降低，冷量逐渐通过内表面进入墙体，进而 P-1～P-5 测点的温度逐渐降低。从图 3.2-2 (a) P-0～P-5 测点的 63.2%时温度变化量的时间常数可以看出：离墙体内表面越远，时间常数越大，温度响应速率越慢。数据统计发现：尽管室内气温突然降低，内表面温度响应时间常数为 1.25h，即内表面温度需要 1.25h 才能达到 63.2%的温度变化量，表明均质墙体内表面温度影响速率明显低于室内气温。同时墙体内表面温度直接影响室内热环境，为本文评价热环境影响的指标。

图 3.2-2 (b) 给出了空调开启时，均质墙体测点 P-0～P-5 的热流变化曲线。可以看出：当室内气温由 35℃突变至 25℃，墙体内表面测点 P-0 热流瞬间突变至最大值；之后，随墙体内表面与室内空气温差降低，墙体内表面热流快速下降。同时，由于内表面温度快速降低，在靠近内表面的测点（如 P-1 和 P-2），均出现热流峰值，越接近墙体内表面峰值越明显。随着空调运行时间的增加，墙体各测点的热流逐渐平缓且趋于一致。内表面热流即为墙体形成的空调负荷，是夏季空调负荷的重要组成部分，为本文评价空调间歇运行的节能效率指标。

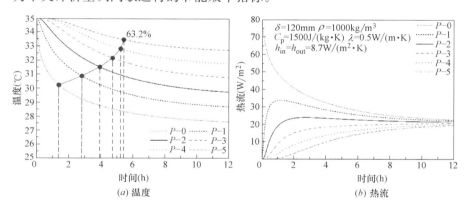

图 3.2-2 空调开启时，各测点温度和热流的变化曲线

图 3.2-3 (a) 给出了空调启动时，墙体内外表面的热流累计值的变化曲线。可以看出：在空调启动时内表面测点 P-0 的冷量累计值上升速率随时间推移而逐渐减缓，最终近似直线上升，而外表面测点 P-5 的冷量累计值由零缓慢增加，最终近似直线上升。这说明在空调启动初期，墙体内表面进入墙体冷量远高于外表面排出墙体的冷量，表明在空调启动初期，进入墙体内表面的冷量主要以蓄冷的形式存在。结合图 3.2-2 (a) 可以发现，蓄冷量主要集中在墙体内侧层。

图 3.2-3 (b) 给出了空调开启时，墙体蓄冷率的变化曲线。其中，蓄冷率是指墙体蓄冷量占进入墙体内表面的总冷量的百分比。可以发现：在空调启动时，墙体蓄冷率非常高。当空调开启 2h 后，蓄冷率高达98.24%；当空调开启 8h 后，蓄冷率仍然高达 75.16%。这表明在空调启动初期，墙体主要通过蓄冷形成空调负荷，而非空调连续运行时墙体传导负荷。

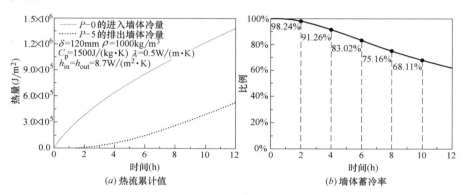

图 3.2-3　空调开启时，墙体内表面热流累计值和墙体蓄冷率的变化曲线

综合以上分析可以发现：当空调间歇运行时，墙体形成空调负荷的机理与空调连续运行时存在本质的区别，因此基于空调连续运行的建筑空调负荷设计的相关理论和节能措施可能难以准确地适用于空调间歇运行，必须考虑空调真实的运行情况。

3. 空调停止时均质墙体动态热响应规律

空调停止时，室内空气由设计温度 25℃ 突变至最终温度 35℃，室外温度仍维持 35℃。图 3.2-4 (a) 给出了空调停止时，均质墙体测点 P-0～P-5 的温度变化曲线。可以看出：当室内气温由 25℃ 突变上升至 35℃ 时，内表面测点 P-0 温度快速上升，进而 P-1～P-5 温度逐渐上升；不难发现，在空调停止初期，由于墙体热惰性影响，墙体各测点温度响应均有一定的延迟，而且离墙体内表面越远的测点，延迟时间越长。此外，在空调停止一定时间后，墙体中线对称的两个测点（如 P-0 和 P-5、P-1 和 P-4 以及 P-2 和 P-3）温度响应曲线逐渐重合，且距离越接近的两个测点，曲线重合速度越快。

图 3.2-4 (b) 给出了空调停止时，均质墙体各测点 P-0～P-5 的热流变化曲线。可以看出：当室内温度由 35℃ 突变降至 25℃ 时，内表面测点

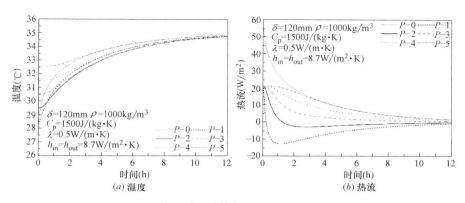

(a) 温度　　　　　　　　　　　(b) 热流

图 3.2-4　空调停止时，墙体各测点温度和热流的变化曲线

P-0 热流响应速度最快。此时，P-0 和 P-5 均为正值，说明热量是由墙体内外表面传入室内外空气中，但测点 P-0 的热流累计值要明显高于 P-5，表明用于维持室内热环境的墙体热流值要高于外表面排除的热流值，尤其在空调停止的前 1h 内。

图 3.2-5 给出了空调停止时，墙体表面热流累计值和蓄冷量的变化曲线。其中，假设墙体 35℃ 的蓄冷量为 0。可以看出：空调停止时墙体蓄冷量分别由内外表面排出，但内表面的热流累计值要显著地高于外表面。

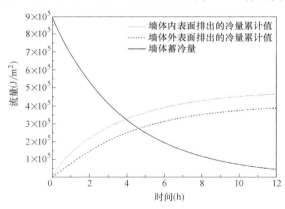

图 3.2-5　空调停止时，墙体表面热流累计值和蓄冷量的变化曲线

4. 空调启、停过程墙体动态热响应规律对比

图 3.2-6 和图 3.2-7 分别对比空调启动和停止时，墙体内表面温度和热流的变化曲线。可以看出：当空调启动和停止时，墙体内表面温度的变化曲线是关于中心温度对称，说明空调无论是开启还是停止时，墙体内表

37

面温度热响应规律基本一致。另一方面，从热流变化曲线的对比发现，当空调启动和停止时，墙体内表面热流变化速率一致且任意时刻两条热流响应曲线的数值差额为 21.28W/m^2，该热流差值为空调连续运行时的热流值。综合以上的研究表明：无论空调开启还是停止时，墙体热响应特性完全一致，因此下文的研究以空调间歇运行时空调启动过程为代表而进行相关的研究。

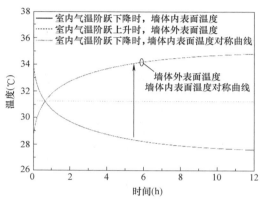

图 3.2-6 空调启、停过程墙体内表面温度的变化曲线

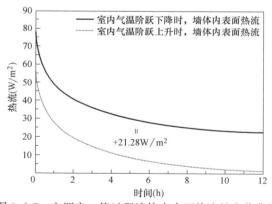

图 3.2-7 空调启、停过程墙体内表面热流的变化曲线

3.3 各因素对均质墙体动态热响应特性的影响

根据方程（3.1-26）和（3.1-27）的墙体内表面温度和热流变化的解

析解，本节以墙体内表面温度、温度时间常数、热流以及热流累计值的响应速率为研究指标，分析墙体密度、比热容、导热系数、对流换热系数等因素对均质墙体动态热响应特性的影响。

1. 墙体密度对其内表面温度和热流的影响

为了分析墙体密度对均质墙体动态热响应特性的影响，假定均质墙体密度从 $50kg/m^3$ 增大至 $3000kg/m^3$，其他条件与 3.2 节 1. 一致。

图 3.3-1（a）给出了不同墙体密度时，墙体内表面温度变化曲线。可以看出：墙体密度越大，温度变化曲线越高，内表面温度动态热响应速率越慢，温度变化达到 63.2% 的时间常数也越大（时间常数定义见方程（3.1-29）和（3.1-30））。在空调开启的 1～5h 内，不同墙体密度时，内表面温度差异最为明显。即使当空调开启 12h 后，$500kg/m^3$ 和 $3000kg/m^3$ 的墙体内表面仍有接近 2℃ 的温差。该现象原因是：空调开机时，密度较小的墙体蓄冷能力较弱，小密度墙体仅能通过大幅度的温降去消纳内表面传入的冷量，故而其温度变化速率较快。因此空调间歇运行时，降低墙体密度有利于提高墙体温度变化响应速率。图 3.3-1（b）给出了时间常数随墙体密度的响应情况。可以看出：当墙体密度从 $50kg/m^3$ 增大至 $3000kg/m^3$ 时，墙体内表面温度变化 63.2% 的时间常数呈线性增加，表明降低墙体密度有利于提高墙体内表面温度响应速率，且提高效果不受墙体密度变化范围影响。

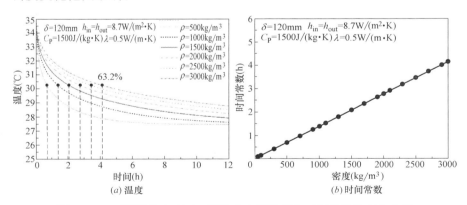

图 3.3-1　不同墙体密度时，墙体内表面温度和时间常数的变化曲线

图 3.3-2（a）给出了不同墙体密度时，墙体内表面热流的变化曲线。可以发现：墙体密度越大，墙体内表面热流变化速率越慢，热流值越大。随着空调运行时间增加，墙体蓄冷量逐渐饱和，不同密度墙体内表面热流

差又逐渐缩小。该现象原因是：由于小密度墙体的蓄冷能力相对较弱，墙体达到稳定时所需要的蓄冷量同样较小。图 3.3-2（b）给出了不同墙体密度时，热流累计值的变化曲线。可以看出：墙体密度越大，墙体内表面热量的累计值越高。但该种节能效果，仅适用于空调开启初期，随着空调运行时间的增加，墙体蓄冷量逐渐饱和，密度的影响也随之削弱。

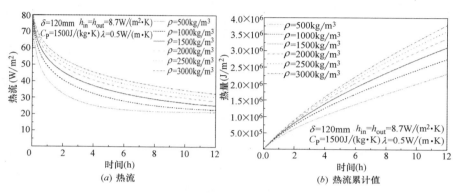

图 3.3-2　不同墙体密度时，墙体内表面热流和热流累计值的变化曲线

2. 墙体比热容对其内表面温度和热流的影响

为了分析墙体比热容对墙体内表面热响应的影响，假定均质墙体的比热容从 100J/(kg·K) 增大至 3000J/(kg·K)，其他条件与 3.2 节 1. 一致。图 3.3-3（a）给出了不同墙体比热容时，墙体内表面温度的变化曲线。可以看出：墙体比热容越大，墙体内表面温度变化曲线越高，内表面温度动态热响应速率越慢，温度变化达到 63.2% 的时间常数也越大。该现象原因是：空调开机时，比热容较小墙体的蓄冷能力较弱，小比热容墙体仅能通过大幅度的温度降低去消纳内表面传入的冷量，故而其温度变化速率较快。空调间歇运行时，降低墙体比热容有利于提高墙体的温度响应速率。图 3.3-3（b）给出了时间常数随墙体比热容的变化情况。可以看出：墙体内表面温度变化 63.2% 的时间常数随着比热容的增大呈线性增大，表明降低均质墙体比热容有利于提高墙体内表面温度响应速率，且提高效果不受墙体比热容变化范围影响。

图 3.3-4（a）给出了不同墙体比热容时，墙体内表面热流的变化曲线。可以看出：墙体比热容和密度对墙体内表面热流的影响规律一致，材料比热容越小，墙体的蓄冷能力越弱，墙体内表面的热流变化越快且墙体蓄冷量达到饱和所需的热流量越小，故而比热容越小的墙体内表面的热流

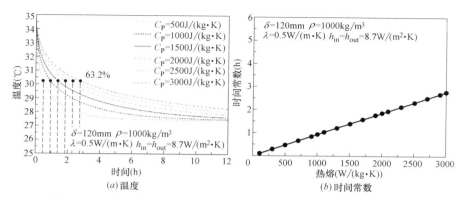

图 3.3-3　不同墙体比热容时，墙体内表面温度和时间常数的变化曲线

值越低。图 3.3-4（*b*）给出了在不同墙体比热容时，墙体内表面热流累计值的变化曲线。可以看出：墙体的比热容越小，墙体内表面热量的累计值也越低。但该种节能效果，仅适用于空调开启初期，随着空调运行时间的增加，墙体蓄冷量逐渐饱和，比热容的影响也随之削弱。

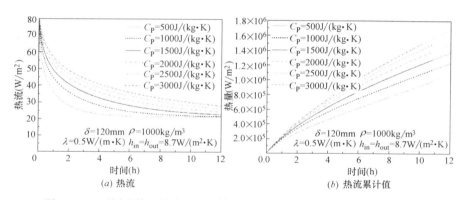

图 3.3-4　不同墙体比热容时，墙体内表面热流和热流累计值的变化曲线

3. 墙体导热系数对其内表面温度和热流的影响

为了分析墙体导热系数对墙体内表面热响应的影响，假定均质墙体的比热容从 $0.01W/(m \cdot K)$ 增大至 $10 W/(m \cdot K)$，其他条件与 3.2.1 节一致。

图 3.3-5（*a*）给出了不同墙体导热系数时，墙体内表面温度的变化曲线。由图可知，墙体导热系数越小，墙体内表面热响应曲线越低，内表面温度变化速率越快，温度变化达到 63.2% 的时间常数也越大。即使在

41

空调开启 12h 之后，0.01W/(m·K) 和 10W/(m·K) 的墙体内表面仍有接近 6℃ 的温差。为了深入解释这一原因，再次提出方程（3.1-4）墙体内表面的边界条件：

$$-\lambda \frac{\partial T(x,t)}{\partial x}\bigg|_{x=0} = h_{\text{in}}(T_{\text{in}} - T(0,t)) \qquad (3.3\text{-}1)$$

由上述方程可知，当空调开启时，等式右边为常数，故而当导热系数较小，单位厚度墙体的温变较大，因此墙体内表面温度响应速率越快。而当墙体内部温度稳定后，导热系数越小的墙体热阻越大，内表面温度越接近室内温度。

图 3.3-5（b）给出了时间常数随墙体导热系数的变化情况。可以看出，墙体导热系数越大，时间常数越大；当导热系数在 0.01～1W/(m·K)，时间常数随墙体导热系数变化速率较快；而当导热系数在 5～10W/(m·K) 时，时间常数随导热系数的变化速率显著降低。可见，空调间歇运行时，降低墙体导热系数有利于提高墙体内表面温度响应速率，且在低导热系数时，提升效果越显著。

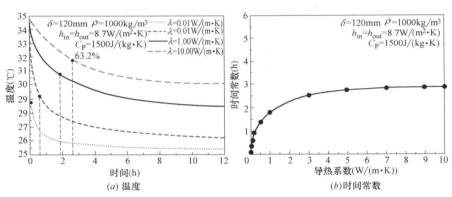

图 3.3-5　不同墙体导热系数时，内表面温度和时间常数的变化曲线

图 3.3-6（a）给出了不同墙体导热系数时，墙体内表面热流动态热响应曲线。可以看出，墙体导热系数越小，墙体内表面热流响应速率越快，热流值较低。该现象原因在于空调启动时，墙体导热系数越小，导热热阻越大，难以传导热量使得靠近内表面墙体层温度快速降低，进而减弱了空气与墙体内表面对流换热强度。而当墙体内部温度稳定后，墙体导热系数越小，墙体热阻越大，墙体内表面热流较小。

图 3.3-6（b）给出了在不同墙体导热系数时，墙体内表面热流累计值

动态热响应曲线。可以看出：当墙体导热系数较小时，墙体内表面热量的累计值曲线始终较低。故导热系数较小时，无论是空调间歇运行还是空调连续运行，均具有较好的节能效果。

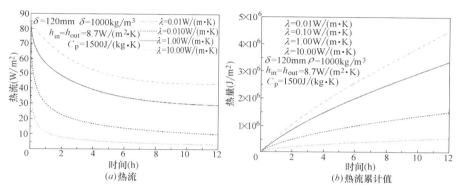

图 3.3-6 不同墙体导热系数时，内表面热流和热流累计值的变化曲线

4. 内表面对流换热系数对墙体内表面温度和热流的影响

为了分析内表面对流换热系数对墙体内表面热响应的影响，假定均质墙体的内表面对流换热系数从 $3W/(m^2 \cdot K)$ 增大至 $25W/(m^2 \cdot K)$，其他条件与 3.2 节 1. 一致。

图 3.3-7（a）给出了不同墙体内表面对流换热系数时，墙体内表面温度的变化情况。可以看出，墙体内表面对流换热系数越大，墙体内表面温度响应曲线越低，内表面温度动态热响应速率越快。该现象的原因是：较大的表面对流换热系数有利于强化室内空气与墙体内表面的对流换热能力，因此提高墙体内表面对流换热系数有利于增大墙体内表面温变响应速率。图 3.3-7（b）给出了时间常数随墙体内表面对流换热的变化情况。可以看出：墙体内表面温变 63.2% 的时间常数随着对流换热系数的增加而逐渐降低，而且对流换热系数较小时，时间常数变化幅度较大，表明降低墙体内表面对流换热系数有利于提高墙体内表面温度变化速率，且在低对流换热系数时，提升效果越显著。

图 3.3-8（a）给出了不同墙体内表面对流换热系数时，墙体内表面热流的变化情况。由图可知：墙体内表面对流换热系数越大，墙体内表面与室内空气换热越强，因此空调开启时，墙体内表面热流曲线上升幅度最大，墙体内表面最终热流值较高。图 3.3-8（b）给出不同内表面对流换热系数时，墙体内表面热流累计值的变化曲线。当内表面对流换热系数越大

时，墙体内表面热量的累计值曲线明显越高。

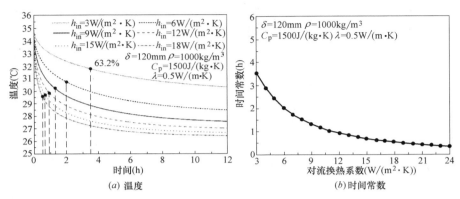

(a) 温度   (b) 时间常数

图 3.3-7 不同墙体内表面对流换热系数时，墙体内表面温度和时间常数的变化曲线

以上研究表明：墙体内表面的对流换热系数对墙体热响应的影响是一把"双刃剑"。一方面，较大的对流换热系数可以提高墙体内表面的温度响应速率，进而改善空调开启阶段的室内热环境；另一方面，较大的对流换热系数强化室内空气与墙体内表面的对流换热能力，不利于建筑节能。

5. 墙体厚度对其内表面温度和热流的影响

为了分析墙体厚度对墙体内表面热响应的影响，假定均质墙体的厚度从 60mm 增大至 360mm，其他条件与 3.2 节 1. 一致。

图 3.3-9 (a) 给出了不同墙体厚度时，墙体内表面温度的变化情况。可以看出，在空调启动阶段，不同厚度的墙体内表面的温度热响应速率一致，随着空调运行时间的增加，越薄的墙体内表面温度越快趋于稳定。可见，在空调启动期初，墙体厚度对墙体内表面温度响应速率可以近似忽略。另一方面，由于厚度较大墙体的热阻较高，传热稳定后的内表面温度越低，故而当内表面温度变化达到 63.2% 时，越厚墙体对应的温度值越低，且时间常数越大。图 3.3-9 (b) 给出了时间常数随墙体厚度的响应情况。可以看出：随着墙体厚度的增加，时间常数近似直线上升。

图 3.3-10 (a) 给出了不同墙体厚度时，墙体内表面热流的变化曲线。可以看出：在空调启动初期，不同厚度墙体内表面热流热响应速率一致；随着空调运行时间增加，越薄墙体内表面热流变化越快；当空调运行约 4h 后，60mm 的墙体蓄冷量基本饱和，热流曲线基本水平。可见在空调启动阶段，墙体厚度对内表面热流几乎没有影响。随着空调运行时间的增加，厚度越大的墙体保温效果越好，热流较低。图 3.3-10 (b) 给出了

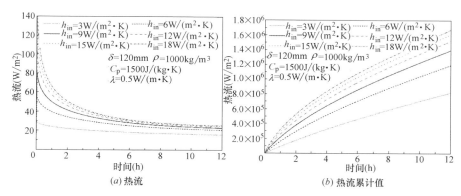

图 3.3-8　不同墙体内表面对流换热系数时，墙体内表面热流和热流累计值的变化曲线

不同墙体厚度时，墙体内表面热流累计值的变化情况。可以看出：当空调运行前 8h，几种厚度的墙体内表面累计值差异较小。而对于空调间歇运行时，一般运行时间不超过 8h，因此空调间歇运行时，增加墙体厚度对提高建筑的节能效果并不明显。需要特别说明的是：本节研究假定室内空气的初始温度为 35℃，保温隔热性能较好建筑夏季室内温度相对较低，因此增加墙体厚度对室内动态热响应有一定的影响，这个问题将在下一节进行深入的研究。尽管如此，本节研究也从另一层次揭示了空调间歇运行时，墙体节能首要问题在于墙体蓄冷（热）负荷，其次才是墙体整体结构保温。

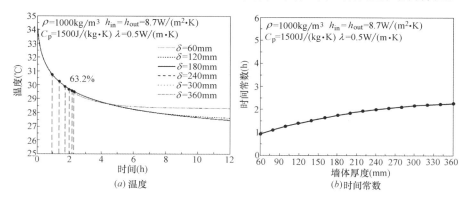

图 3.3-9　不同墙体厚度时，墙体内表面温度和时间常数的变化曲线

6. 室内空气初温对墙体内表面温度和热流的影响

为了分析室内空气初温对墙体内表面热响应的影响，室内空气初始温度从 35℃降低至 27.5℃，其他条件与 3.2 节 1. 一致。且需要特别指出：

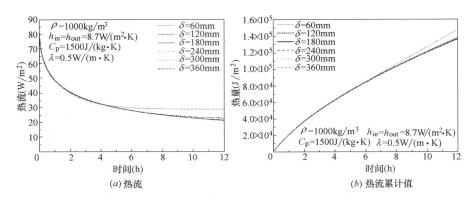

图 3.3-10　不同墙体厚度时，墙体内表面热流和热流累计值的变化曲线

当墙体内外表面温度不一致时，假定墙体处于热平衡状态，即在厚度方向上，墙体各层温度呈线性变化。

图 3.3-11 给出了不同室内空气初温时，墙体内表面温度的变化曲线。可以看出，室内空气初温较低时，墙体内表面温度值低。其原因在于室内空气终温均为 25℃，当室内空气初温较低时，较小的温度变化即可达到稳定状态，故而其温度值最低。同理，当墙体内表面温度变化达到 63.2%时，初温越低的墙体所对应内表面温度也越低。然而在不同初温时，墙体内表面温度变化达到 63.2%所需时间相同，说明降低室内空气初温有利于空调启动阶段时较快降低墙体内表面温度，进而提高该阶段的室内热环境。从另一层面讲，室内空气初始温度与墙体内表面的温变时间常数大小无关。

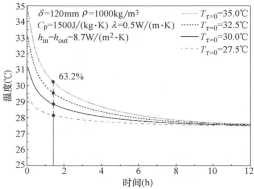

图 3.3-11　不同室内空气初温时，墙体内表面温度的变化曲线

图 3.3-12（a）给出了不同室内空气初温时，墙体内表面热流的变化。可以看出：室内空气初温较低时，墙体的蓄冷量越接近饱和状态，同时，墙体蓄冷达到饱和所需热量越低。因此，在空调启动阶段，室内空气初温越低，内表面的热流越小。图 3.3-12（b）给出了不同室内空气始温时，墙体内表面热流累计值动态热响应曲线。可以看出：室内空气初温越低，内表面热流累计值动态热响应曲线越低，墙体形成的空调负荷越低。

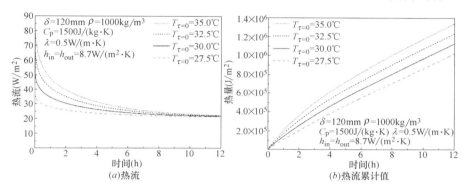

图 3.3-12   不同室内空气初温时，墙体内表面的热流和热流累计值的变化曲线

7. 室内空气终温对墙体内表面温度和热流的影响

为了分析室内空气终温对墙体内表面热响应的影响，假定室内空气终温从 24℃ 增大至 28℃，其他条件与 3.2 节 1. 一致。

图 3.3-13 给出了不同室内空气最终温度时，墙体内表面温度的变化曲线。可以看出：当室内空气终温越低时，墙体内表面温度变化速率越快且温度变化达到 63.2% 时，墙体内表面的温度变化绝对值较大。但是在

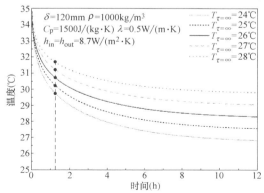

图 3.3-13   不同室内空气最终温度时，墙体内表面温度的变化曲线

不同室内空气终温时，墙体内表面温度变化达到 63.2% 所需的时间相同。表明在空调启动阶段，室内空气设定温度较低时，有利于提高内表面温度的响应程度，但室内空气终温与墙体内表温变时间常数大小无关。

　　图 3.3-14（a）给出了不同室内空气终温时，墙体内表面热流累计值的变化曲线。可以看出：室内空气终温较低时，墙体温度达到稳定状态时，墙体层温变较大，墙体蓄冷量较多，故而在空调启动阶段，最终温度较低的墙体内表面热流也越大。当墙体温度稳定后，室内空气终温较低时，墙体内表面的热流较大。图 3.3-14（b）给出了不同室内空气终温时，墙体内表面热流累计值的变化曲线。可以看出：在空调启动阶段，室内空气预设的最终温度越低，内表面热量的累计值越大，且空调运行时间增加，热流累计值增大趋势越明显。因此，仅在空调启动初期，降低室内空气终温可用于提高墙体内表面温度的响应速率，但空调运行时间增加，墙体内表面热流会显著增加，墙体形成的空调能耗越高。

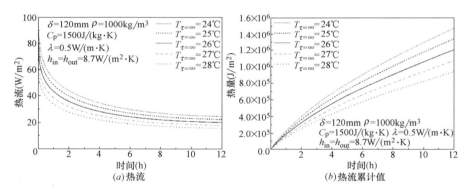

图 3.3-14　在不同室内空气终温时，墙体内表面热流和热流累计值的变化曲线

3.4　均质墙体的动态热响应时间常数

1. 墙体时间常数的定性规律

　　对以上各因素对墙体内表面动态热响应的影响规律以及机理进行了分析，并着重探讨各因素对墙体内表面温度的时间常数的影响规律，研究结果表明：

（1）时间常数随均质墙体密度的增加而线性增加；

（2）时间常数随均质墙体比热容的增加而线性增加；

（3）时间常数随均质墙体导热系数的增加而增加，且在越小导热系数时，时间常数的变化幅度较大；

（4）时间常数随均质墙体内表面对流换热系数增加而降低，在较小对流换热系数时，时间常数的变化幅度较大；

（5）时间常数随墙体厚度增加呈近似直线的上升；

（6）时间常数随室内空气初温的变化而无明显变化；

（7）时间常数随室内空气终温的变化而无明显变化。

时间常数是指墙体层的温变状态达到 63.2% 的时间点，用于表征墙体温度的影响速率快慢（时间常数详细定义见公式 3.1-29 和 3.1-30），而室内空气始温和终温对时间常数无影响，但受墙体属性和厚度影响显著，表明墙体温变特性是墙体固有属性，与外界条件无关。

2. 墙体时间常数的定量规律

为了研究以上因素与墙体内表面时间常数的耦合关系，以墙体内表面温度热响应的时间常数为因变量，以墙体密度、比热容、导热系数、内表面对流换热系数以及厚度为自变量，结合上述各单因素对墙体内表面的影响规律，采用回归方法，得到了多因素作用下，墙体内表面温度响应的时间常数（s）拟合公式，公式如下：

$$t_{\text{constant}} = 1.872(\rho c_{\text{p}})\lambda^{0.5078}h_{\text{in}}^{-1.1259}\delta^{0.5941}\ (R^2 = 0.962) \quad (3.4\text{-}1)$$

拟合公式（3.4-1）各种影响因数满足以下范围：

$$\left\{\begin{array}{l} 20\text{kg/m}^3{\leqslant}\rho{\leqslant}3000\text{kg/m}^3, 100\text{J/(kg}\cdot\text{K)}{\leqslant}c_{\text{p}}{\leqslant}3000\text{J/(kg}\cdot\text{K)}, 60\text{mm}{\leqslant}\delta{\leqslant}360\text{mm} \\ 0.01\text{W/(m}^2\cdot\text{K)}{\leqslant}\lambda{\leqslant}5\text{W/(m}^2\cdot\text{K)}, 4\text{W/(m}\cdot\text{K)}{\leqslant}h_{\text{in}}{\leqslant}12\text{W/(m}\cdot\text{K)} \end{array}\right\}$$

$$(3.4\text{-}2)$$

公式（3.4-1）定量地表明各影响因素对墙体内表面温度热响应的时间常数影响规律。相关系数 R^2 高达 0.962，说明公式（3.4-2）的拟合具有较高的相关性。而拟合公式表明：墙体内表面温度热响应时间常数随着墙体密度、比热容、导热系数或墙体厚度的增大而增大，随着内表面对流换热系数的增大而减小。

图 3.4-1 给出了拟合公式计算的时间常数与模拟样本值的对比。可以看出：所有的样本点均落在 ±10% 的误差线范围内，进一步表明了拟合公式（3.4-1）定性上物理意义清晰明了，定量上吻合非常好。

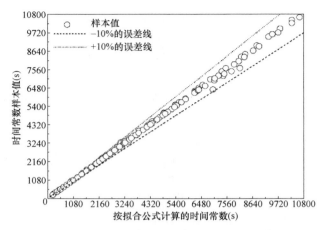

图 3.4-1　拟合公式计算的时间常数与模拟样本值的对比

3.5　室温实际变化时的墙体内表面动态热响应特性

1. 空调实际开启时室内气温变化规律

以上研究了基于室内气温突变作用，建筑墙体热响应速率和动态传热特性。然而实际上，室内气温难以进行突变，龙恩深[135,136]对室内空气温变特性进行了深入的研究，提出了温变指数的概念，任意时刻的室内气温变化均满足以下方程：

$$T = T_\infty - (T_\infty - T_0)e^{-Bt} \qquad (3.5-1)$$

其中：T 为任意时刻时室内气温，℃；T_0 为空调开启或关闭时（即 $t=0$）的室内空气初始温度，℃；T_∞ 为室内空气温变停止后（即 $t=\infty$）的温度值，℃；B 为室内空气温变特征指数，s^{-1}，用于表征室内气温是变化速率。

室内气温变化方程（3.5-1）的准确性在文献[135]中得到多次验证，完全可以保证其准确性。实验数据表明：对于书房空调开启时，室内气温变特征指数 B 为 $0.002 \sim 0.004 s^{-1}$，即空调开启 $300 \sim 600s$ 后，室内空气温变可达 63.2%[135]。其他相关研究表明：当室内使用地板毛细血管采暖或电辐射采暖时，室内空气温变响应 63.2% 时间约为 $750 \sim 1800s$[141,142]。

本文研究基于龙恩深的成果，但为了与表征墙体温度动态响应的时间常数相统一，引入室内空气温变时间常数（*TC-IAT*）的概念，即室内气温变化达到最终温变的 63.2% 的时间。数值上，$TC-IAT=B^{-1}$；当 $TC-IAT=0$ 时，即本章之前所研究的室内气温突变，因此方程 3.5-1 可转化为以下方程：

$$T=T_\infty-(T_\infty-T_0)e^{-\frac{t}{TC-IAT}} \tag{3.5-2}$$

其中，$TC-IAT$ 为室内空气温变的时间常数，s，其数值大小为室内气温变化达到最终温变的 63.2% 的时间，用于表征室内温度的变化速率，$TC-IAT$ 越大，室内气温变化越慢。

本章研究 $TC-IAT$ 分别取 0s、600s、1200s 和 1800s。图 3.5-1 给出了在不同室内空气温变时间常数时，室内气温的逐时变化。室内外空气和墙体均为 35℃，室内气温从 35℃ 降低至 25℃。墙体厚度和属性与 3.2 节 1. 内容一致。

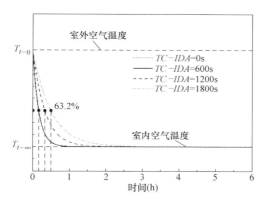

图 3.5-1 不同室内空气温变时间常数时，室内气温的变化规律

2. 数值模拟的传热模型及其理论验证

根据能量守恒，均质墙体的瞬态一维稳态传热可以通过以下能量方程描述：

$$\frac{\partial T(x,t)}{\partial t}=\frac{\lambda}{\rho C_p}\frac{\partial^2 T(x,t)}{\partial x^2} \tag{3.5-3}$$

边界条件如下：

$$\begin{cases} t=0: T=T_0 \\ T>0\ \&\ x=0: -\lambda\left.\frac{\partial T(x,t)}{\partial x}\right|_{x=0}=h_{in}(T_{in}-T_{L,in}) \\ T>0\ \&\ x=\delta: -\lambda\left.\frac{\partial T(x,t)}{\partial x}\right|_{x=\delta}=h_{out}(T_{L,out}-T_{out}) \end{cases} \tag{3.5-4}$$

在我们的研究中，有限体积法用于离散热传导能量控制方程，采用中心差分格式离散控制方式，图 3.5-2 给出了复合墙体的网格节点布置。

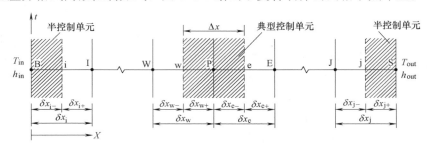

图 3.5-2 复合墙体的网格节点布置

图 3.5-3 对比了模拟和理论算法的内表面温度和热流的波动情况，可以看出：模拟结果和理论算法几乎完全重合，表明了本节计算程序具有很高的准确性。

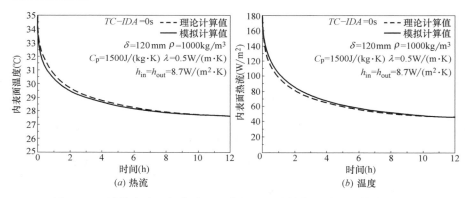

图 3.5-3 墙体内表面的热流和温度的理论计算值和模拟计算值的对比

3. 室温时间常数对墙内表面温响应速率的影响

图 3.5-4 给出了不同室内空气温变时间常数（TC-IAT）下，墙体内表面温度随时间的变化情况，其中 $TC\text{-}IAT=0$s 即为室内气温突变工况。可以看出：TC-IAT 越大，内表面温度曲线越高，温变速率越慢，温变达到 63.2% 的时间常数越大。在空调开启后 2～3h 内，不同 TC-IAT 的墙体内表面温度差异最大，最大值可达 1.4℃；4h 之后，TC-IAT 对墙体内表面温度影响可以近似忽略。

图 3.5-5 给出墙体内表面温度响应时间常数随室内空气温变时间常数的变化情况。可以看出：墙体内表面温度响应时间常数随 TC-IAT 线性

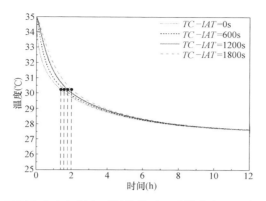

图 3.5-4 不同室内空气温变时间常数时，墙体内表面温度的变化曲线

增加，且不同墙体属性和厚度时，线性斜率是相同的。表明 $TC\text{-}IAT$ 对墙体温变时间常数的影响独立于墙体物性和厚度，$TC\text{-}IAT$ 表征室内空气温变速率，属外因；而墙体物性和厚度对墙体温变时间常数的影响是墙体所固有的，属内因。

根据图 3.5-6 和拟合公式 3.4-1 可以得到任意室内空气温变速率时，墙体内表面温度响应速率的时间常数（h）如下：

$$t_{TC\text{-}IAT} = 1.13TC\text{-}IAT + t_{constant}$$
$$= 1.13TC\text{-}IAT + 1.872(\rho c_p)\lambda^{0.5078} h_{in}^{-1.1259} \delta^{0.5941}$$
$$(R^2 = 0.962) \tag{3.5-5}$$

其中，$TC\text{-}IAT$ 为室内气温的温变常数，s；拟合公式中影响因数仍满足以下范围：

$$\left\{ \begin{array}{l} 20\text{kg/m}^3 \leqslant \rho \leqslant 3000\text{kg/m}^3, 100\text{J/(kg·K)} \leqslant c_p \leqslant 3000\text{J/(kg·K)} \\ 0.01\text{W/(m}^2·\text{K)} \leqslant \lambda \leqslant 5\text{W/(m}^2·\text{K)} \\ 4\text{W/(m·K)} \leqslant h_{in} \leqslant 12\text{W/(m·K)} 60\text{mm} \leqslant \delta \leqslant 360\text{mm} \end{array} \right.$$

$$\tag{3.5-6}$$

4. 不同室温时间常数时的墙内表面热流响应速率

图 3.5-6 给出了不同室内空气温变时间常数（$TC\text{-}IAT$）时，墙体内表面热流动态热响应曲线，其中 $TC\text{-}IAT = 0$s 即为室内气温突变。可以看出，$TC\text{-}IAT$ 越大，墙体内表面热流峰值越低，内表面热流动态响应速率越慢，但空调开启 1h 后，4 条热流曲线基本重合，$TC\text{-}IAT$ 对墙体内表面热流影响可以近似忽略。

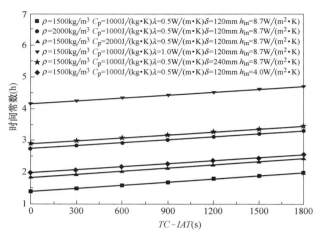

图 3.5-5 内表面温度响应时间常数随室内空气温
变时间常数（*TC-IAT*）的变化情况

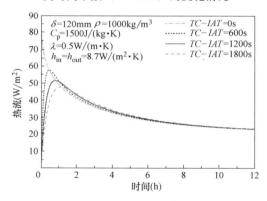

图 3.5-6 不同室内空气温变时间常数（*TC-IAT*）时，墙体内表面热流动态响应曲线

3.6 本章小结

本章理论分析空调启停过程中室内气温突变时，均质墙体的动态热响
应规律及动态传热特性并得到以下结论：

（1）通过理论分析，得到室内气温突变时，均质墙体任意层的温度和
热流的解析解，并提出表征墙体温度热响应速率的时间常数相关理论
算法。

（2）当空调启动运行 2h 后，蓄冷率高达 98.24%；当空调开启 8h，蓄冷率仍然高达 75.16%。说明在空调启动初期，墙体主要通过蓄冷来形成空调负荷，而非空调连续运行时墙体传导负荷。

（3）从影响机理上，分析了墙体属性、厚度、室内空气初始温度和最终温度对墙体内表面动态热响应速率的影响规律，并通过多元回归拟合方法，得到表征墙体内表面温度响应速率时间常数的拟合方程式。

（4）数值分析了空调实际开启过程中，墙体内表面动态热响应特性，分析了室内空气温度变化时间常数对墙体内表面温度变化时间常数的影响，并对室内气温突变时的时间常数拟合方程进行了修正，得到空调实际开启情况时，墙体内表面温度变化时间常数的拟合方程。

第 4 章　外墙动态热响应特性的实验研究

本章主要目的在于研究空调间歇运行时，具有不同保温结构的外墙内表面温度和热流的动态热响应特性，探索最适宜于空调间歇运行时外墙的保温结构形式。基于此，建立具有不同墙体保温结构形式的动态测试实验平台，实验测试空调间歇运行时 6 种保温墙体内表面温度和热流动态热响应速率，在空调间歇模式下，探索外墙保温结构对其动态热响应的影响规律。

4.1　外墙动态热响应特性的实验系统描述

为了分析不同墙体保温形式的动态响应速率，建立如图 4.1-1 所示墙体动态测试实验建筑，本章实验在如图所示的网格墙中进行。

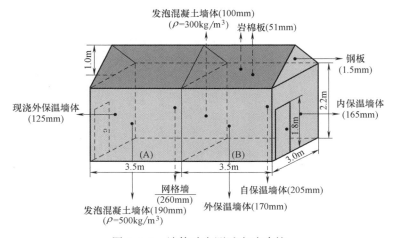

发泡混凝土墙体(100mm)
(ρ=300kg/m³)　岩棉板(51mm)
钢板(1.5mm)
1.0m
现浇外保温墙体(125mm)
内保温墙体(165mm)
2.2m
1.8m
(A)　(B)
3.5m　3.5m　3.0m
网格墙(260mm)
自保温墙体(205mm)
发泡混凝土墙体(190mm)
(ρ=500kg/m³)
外保温墙体(170mm)

图 4.1-1　墙体动态测试实验建筑

图 4.1-2 给出了实验建筑以及网格墙的建造照片。为了保证不同墙体模块实验结果的可比性，所有墙体模块两侧热环境必须相同。基于此，将发泡混凝土自保温墙（ρ＝300kg/m³）、免拆复合保温外模板墙、复合自

保温砌块墙、外保温墙、内保温墙、夹心保温墙以及实心砖墙制作成 800mm×800mm 的墙体单元，把 6 个墙体单元填充在已经搭建好的网格架中，同时为了减弱墙体构成单元相互传热影响，使得每个墙体构成单元均能形成一维传热面，在构成单元交界面中嵌入 80cm 的 EPS 层。

另一方面，在室内利用 1000W 空调进行制冷，并采用 4 个单风扇的通风管保证室内的空气温差低于 0.5℃。墙体外侧没有任何遮挡，各墙体单元外侧热环境近似相同。此时，实验平台的网格墙是由 7 种类型墙体复合而成，但又相互独立、互不干扰。

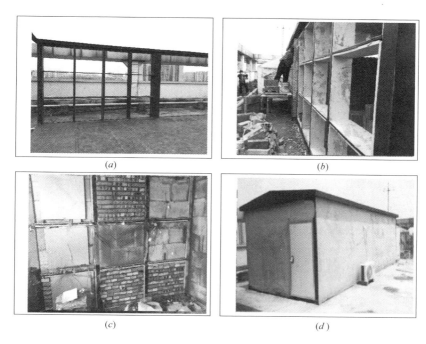

图 4.1-2 实验建筑和网格墙的建造照片

图 4.1-3 给出复合于网格墙中的 7 种墙体截面图。其中，图 4.1-3（a）和（b）是发泡型和复合砌块型自保温墙，为框架结构建筑的典型外墙保温形式；图 4.1-3（c）是免拆复合保温外模板墙，是一种集外模板搭建和墙体外保温共同施工的新型墙体；图 4.1-3（d）、（e）和（f）分别为夹心保温墙、外保温墙和内保温墙，均是典型单设保温墙体；图 4.1-3（g）为普通的烧结砖墙，为典型居住建筑外墙结构。这 7 种墙体基本覆盖了目前的所有建筑外墙体系。表 4.1-1 给出了各层墙体材料的热物理属性。

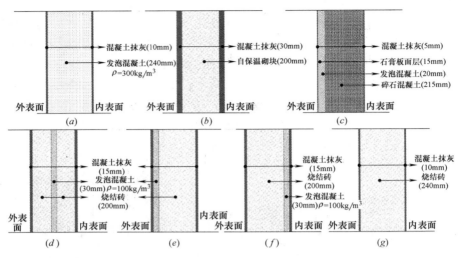

图 4.1-3　墙体截面图

各层墙体材料的热物理属性　　　　　　　　　　　　表 4.1-1

材料名称	密度(kg/m³)	热容(J/(kg·K))	导热系数(W/(m·K))
混凝土砂浆	1406	1050	0.3505
碎石混凝土	2400	850	1.545
实心烧结砖	1536	523	0.7507
EPS 保温层	22	1280	0.0410
石膏板面层	827	1090	0.3020
发泡混凝土($\rho=100$kg/m³)	104.5	1050	0.0870
发泡混凝土($\rho=300$kg/m³)	330.4	1050	0.1008

　　图 4.1-4 和表 4.1-2 给出了实验所使用的仪器以及相应的型号、量程和精度。

　　图 4.1-5 给出了墙体构成单元的温度和热流测点布置示意图,其中 T_{in} 和 T_{out} 分别为墙体单位近壁面室内和室外气温测点,℃; $T_{1,in}$ 和 $T_{1,out}$ 分别为墙体单元内外表面的温度测点,℃;HF 为墙体内表面的热流测试点,W/m²。测试所用的热电偶和热流计经过检验,保证测试误差分别低于 0.3℃ 和 3%,所有测试数据使用 JTDL-Ⅲ 建筑热工巡回检测仪自动记录,记录的时间间隔为 10min。

58

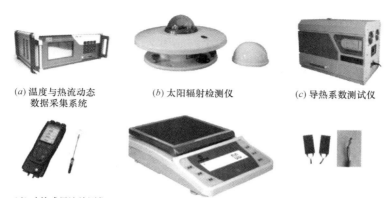

(a) 温度与热流动态
数据采集系统

(b) 太阳辐射检测仪

(c) 导热系数测试仪

(d) 叶轮式风速检测仪

(e) 电子天平

(f) 热流传感器和热电偶

图 4.1-4 实验测试仪器

实验仪器型号、量程和精度　　　　　　　　　　　　　　表 4.1-2

仪器名称	仪器型号	量程	精度
温度与热流动态 数据采集系统	JTDL-80	$-20\sim100℃$ $0\sim2000W/m^2$	$\pm0.5℃\pm5\%$
太阳辐射检测仪	TBS-YG5	$0\sim2000W/m^2$	$\pm5\%$
叶轮式风速检测仪	Testo 480	$+0.4\sim+50m/s$	$\pm(0.2m/s+1\%)$
导热系数测试仪	JTRG-Ⅲ	$0.02\sim0.8W/(m\cdot K)$	温度精度：$\pm0.2℃$ 热流不确定度：$<\pm3\%$
电子天平	YP1000	1000g	0.1g
热流传感器	JTC08A	$0\sim5000W/m^2$	$\leqslant5\%$
热电偶	T 型	$-200\sim350℃$	0.5℃

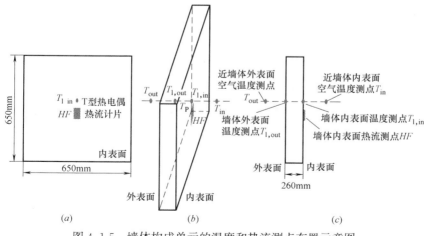

(a)　　　　　　　　　(b)　　　　　　　　　(c)

图 4.1-5 墙体构成单元的温度和热流测点布置示意图

本章空调间歇模式采用第 3 章的问卷调研所提出的适合于我国现状的典型空调运行模式，图 4.1-6 给出该 4 种模式下空调间歇运行情况。

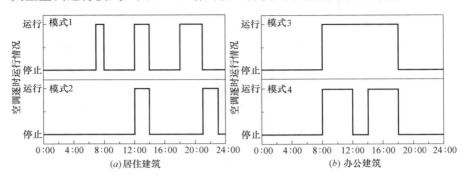

图 4.1-6　4 种模式下空调间歇模式

4.2　网格墙一维传热的数值校验

1. 物理模型和传热模型

为了保证墙体单元两侧热环境的一致性，将 7 种墙体单元填充在已经搭建好的网格架中，形成复合墙体。尽管在构成单元嵌入 80mm 的 EPS 层，但能否在墙体构成单元中形成一维传热面还有待校验。为此，建立包含墙体保温结构单元和各单元之间的 EPS 垫层的墙体三维传热的物理模型。

图 4.2-1 给出了网格墙的物理模型。墙体构成单元的尺寸为 800mm×800mm，但墙体单元关于水平和竖直中心线对称，因此仅取 1/4 的墙体单元作为研究对象。计算模型中 A、B、C、D 分别取自图 4.1-3（a）发泡混凝土自保温墙、图 4.1-3（d）夹心保温墙、图 4.1-3（e）外保温墙和图 4.1-3（f）内保温墙。

根据图 4.2-1，建立墙体三维坐标系，x、y 和 z 分别为墙体的宽度、厚度和高度。则根据能量守恒，墙体稳态传热可以通过以下能量方程描述：

$$\frac{\partial}{\partial x}\left(\frac{\lambda}{\rho C_P}\frac{\partial T}{\partial x}\right)+\frac{\partial}{\partial y}\left(\frac{\lambda}{\rho C_P}\frac{\partial T}{\partial y}\right)+\frac{\partial}{\partial z}\left(\frac{\lambda}{\rho C_P}\frac{\partial T}{\partial z}\right)=0 \qquad (4.2-1)$$

其中：λ 表示材料导热系数，W/(m・K)；ρ 表示材料密度，kg/m³；

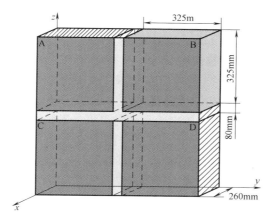

图 4.2-1 网格墙的物理模型

C_P 表示材料的热容，J/(kg·K)；T 代表材料温度，℃。

模型厚度方向的两个面（$x=0$mm 和 260mm）采用第三类边界条件，其他截面采用绝热边界条件，边界条件数值定义如下：

当 $x=0$mm 时

$$-\lambda \frac{\partial T}{\partial x} = h_{in}(T_{in} - T_{1,in}) \qquad (4.2-2)$$

当 $x=260$mm 时

$$-\lambda \frac{\partial T}{\partial x} = h_{out}(T_{out} - T_{1,out}) \qquad (4.2-3)$$

当 $y=0$mm 或 730mm 时

$$-\lambda \frac{\partial T}{\partial y} = 0 \qquad (4.2-4)$$

当 $x=0$mm 或 730mm 时

$$-\lambda \frac{\partial T}{\partial z} = 0 \qquad (4.2-5)$$

其中：T_{in} 和 T_{out} 分别为室内气温和室外气温，℃；$T_{1,out}$ 和 $T_{1,in}$ 分别为墙体外表面和内表面温度，℃；h_{out} 和 h_{in} 分别为墙体外表面和内表面的对流换热系数，W/(m²·K)。

在我们的研究中，有限体积法用于离散热传导能量控制方程，采用中心差分格式离散控制方式。当在利用编制的稳态数值计算程序来求解控制方程时，满足如下迭代收敛准则时，即可认为方程求解过程达到收敛：

$$\frac{\sum_{i,j,k} |T_{i,j,k}^{n+1} - T_{i,j,k}^{n}|}{\sum_{i,j,k} |T_{i,j,k}^{n+1}|} \leqslant 10^{-5} \tag{4.2-6}$$

2. 校验结果及数学模拟验证

各层墙体材料的热物理属性参见表 4.1-1，室外和室内气温分别取 35℃和25℃，墙体内表面对流换热系数分别取 19W/(m² · K) 和 8.7W/(m² · K)。图 4.2-2 给出墙体内外表面的温度分布情况，图中每条等温线之间差值为 0.02℃。可以看出：仅在墙体构成单元和 EPS 垫层的交界面存在一定温度梯度，墙体构成单元绝大部分区域无温差的存在，完全可以保证图 4.1-5 所布置温度测点在一维传热面上。

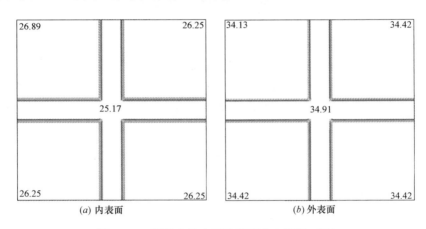

图 4.2-2 墙体内外表面的温度分布情况 （℃）

图 4.2-3 给出墙体内外表面的等热流线分布情况，图中每条等热流线之间的温度差为 0.1W/m²。可以看出：热流分布情况与图 4.2-2 温度分布情况一致，仅在墙体单元和 EPS 垫层的交界面存在一定热流梯度，墙体构成单元绝大部分区域无热流差的存在，完全可以保证图 4.1-5 所布置热流测点在一维传热面上。

在数值模拟条件下，对墙体热流和内外表面的温度进行理论计算[143]，计算方法如下：对于 A 的发泡混凝土自保温墙：

$$HF = \frac{T_{\text{out}} - T_{\text{in}}}{\dfrac{1}{h_{\text{out}}} + \sum_{i=1}^{N} \dfrac{\delta_i}{\lambda_i} + \dfrac{1}{h_{\text{in}}}} = 16.512 \text{W/m}^2 \tag{4.2-7}$$

$$T_{1,\text{in}} = T_{\text{in}} + HF \cdot \frac{1}{h_{\text{in}}} = 26.898℃ \tag{4.2-8}$$

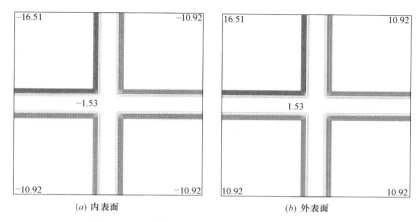

(a) 内表面　　　　　　　　(b) 外表面

图 4.2-3　墙体内外表面的等热流线分布情况

$$T_{1,\text{out}} = T_{\text{out}} + HF \cdot \frac{1}{h_{\text{out}}} = 34.131\text{℃} \tag{4.2-9}$$

对于 B 的夹心保温墙：

$$HF = \frac{T_{\text{out}} - T_{\text{in}}}{\dfrac{1}{h_{\text{out}}} + \sum_{i=1}^{N} \dfrac{\delta_i}{\lambda_i} + \dfrac{1}{h_{\text{in}}}} = 10.925\text{W/m}^2 \tag{4.2-10}$$

$$T_{1,\text{in}} = T_{\text{in}} + HF \cdot \frac{1}{h_{\text{in}}} = 26.256\text{℃} \tag{4.2-11}$$

$$T_{1,\text{out}} = T_{\text{out}} + HF \cdot \frac{1}{h_{\text{out}}} = 34.425\text{℃} \tag{4.2-12}$$

而对于 C 和 D 对应的外保温墙和内保温墙，墙体内部各层材料厚度和属性一致，其内外表面的温度和热流一致，不再重合计算。对比理论计算结果和数值模拟结果，可以发现：在一维导热面上，内外表面的温度和热流完全相同，表明数值模型结果不仅正确，而且具有较高的精度。

4.3　外墙动态热响应的实验结果及分析

1. 实验期间的室外环境分析

图 4.3-1 给出实验期间的室内外气温随时间变化情况。可以看出：在实验期间室外气温最高为 40℃，最低为 23℃，波动幅度为 10～15℃，其中 7 月 31 日的 17∶00，天气突变，室外气温快速降低，但是实验建筑未

开设窗户且墙体保温性能相对较好，短时间内室外气温降低对室内热环境影响较小。空调开启时，室内气温骤降，15～20min室内气温降至波谷；之后，受空调出风口温度波动影响，室内气温有2～5℃的波动，但整体比较平稳；空调关机后约45min室内气温升至正常。

特别指出，实验空调设备功率偏大且无变频设备，若空调温度设定25℃时，室内气温波动振幅较大，因此为了降低气温波动影响，实验中空调温度设定在16℃。尽管实验空调温度设定值偏离实际运行值，但空调间歇运行时，墙体动态热响应机理一致，故空调温度设定值对墙体热响应速率定性规律的影响较小，而且空调温度设定16℃时，室内气温完全低于室外，可以降低外界干扰。

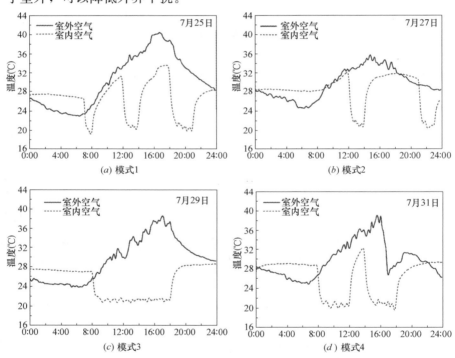

图 4.3-1　实验期间的室内外气温随时间变化情况

2. 外墙保温结构对其内表面温度的影响

图 4.3-2 给出了空调间歇运行时，墙体内表面温度波动情况。由图可以看出，各种保温结构形式墙体内表面温度响应速率差异较大。对三种单设保温层墙体对比发现：内保温墙内表面温度动态响应速率最高，其次为

夹心保温，再次为外保温墙体。表明保温层越靠近墙体内侧，墙体内表面的温度响应速率越快。其原因在于：空调间歇运行时，运行时间一般为1～8h，在如此短运行时间内，墙体始终处于蓄冷期，而且空调启停过程中室内空气温度变化速率和强度明显高于室外空气，故而墙体内层动态热响应性能变得尤为重要。根据本书第3章的理论分析可知：蓄热性能差或者导热系数小的墙体热响应速率较快，故而内保温墙动态热响应速率最高。

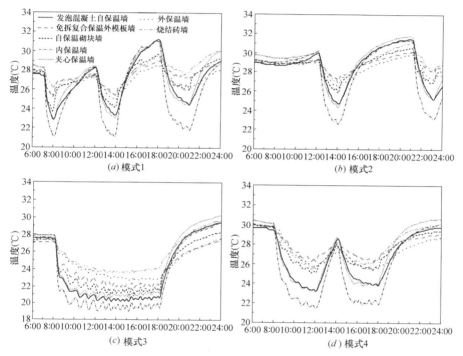

图 4.3-2　空调间歇运行时，墙体内表面温度波动情况

两种自保温砌块墙体对比发现，发泡混凝土自保温墙内表面温度动态热量热响应速率明显快于复合自保温砌块墙。其原因在于发泡混凝土蓄热性能和导热性能均较低。此外，尽管复合自保温砌块中复合了保温层，但施工时，一般将保温层靠外侧建造，故而空调间歇运行时，复合自保温砌块墙内表面温度变化速率较慢。另一方面，若考虑空调间歇运行情况，施工时可将复合自保温砌块墙保温层靠内侧建造或者开发复合自保温砌块时考虑砌块内外侧均复合保温层，此时复合自保温砌块墙内表面动态热响应

速率将大大提升。

　　实际上，免拆复合保温外模板墙和外保温墙均属于外保温体系，但外保温墙内表面温度变化速率要高于免拆复合保温外模板墙，其原因在于外保温墙的内层材料是实心砖和混凝土抹灰，而免拆复合保温外模板墙的内层材料是现浇混凝土，其蓄热性能显著强于外保温墙内侧材料。

　　综合以上分析表明：空调间歇运行时，墙体内层动态热响应性能决定墙体内表面温度的响应速率。网格墙中6种墙体内表面温度动态热响应速率由高到低的排序是：内保温墙＞发泡混凝土自保温墙＞夹心保温墙＞自保温砌块墙＞外保温墙＞现浇混凝土外保温墙＞烧结实心砖墙。另一方面，从空调启动运行时间长短对比可以看出：空调启动运行1～2h，墙体内表面温度始终处于降低状态，而空调开启运行4～8h后，墙体内表面温度相对平稳。而从空调间歇模式对比可以看出：空调按模式1和2间歇运行时，墙体内表面温度响应速率基本一致，空调前运行时段对后运行时段基本没有影响；而当空调模式4间歇运行时，空调前运行时段对后运行时段影响显著，在空调后运行时段内，墙体内表面温度变化速率明显提升。其原因在于模式1和2的各空调运行时段较短且时间间隔较长，而模式4的前空调运行时段较长且时间间隔较短，故而模式4中，前空调运行时段内的墙体蓄冷量加速了后空调运行时段的墙体内表面温度动态影响速率。

3. 外墙保温结构对其内表面热流的影响

　　图4.3-3给出了空调间歇运行时，墙体内表面温度波动情况。从热流波动曲线可以看出：当空调开启时，墙体内表面热流快速降低，然后逐渐升高，整个空调运行过程中，内表面热流受室内气温波动影响呈现波动变化，且各种墙体内表面热流动态热响应特性差异较大。3种单设保温层墙体对比发现：在空调运行时段内，内保温墙曲线最高，但热流值为负，故内保温墙的热流值最低；其次是夹心保温；再次是外保温墙。其原因主要有以下两个方面：（1）内保温墙内侧保温层导热性能差，减少了冷量向墙体内部传递；（2）内保温墙内侧保温层蓄冷能力弱，降温速率快，降低了墙体内表面和室内空气对流换热强度。

　　两种自保温砌块墙体对比发现，发泡混凝土自保温墙内表面热流值要明显低于复合自保温砌块墙。其原因在于发泡混凝土自保温墙内侧材料蓄冷和导热性能均小于自保温砌块。从发泡混凝土自保温墙和自保温砌块墙对比发现，发泡混凝土自保温墙内表面的热流值要明显低于自保温砌块墙，其原因同样由于发泡混凝土的蓄热性和导热系数均小于自保温砌块。

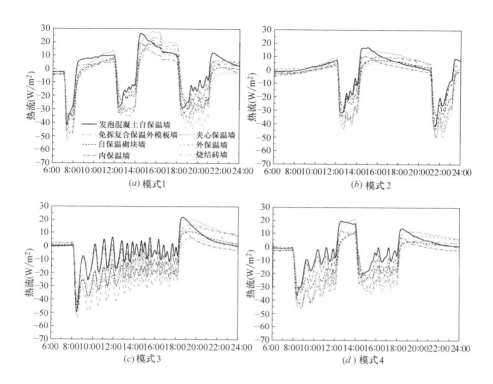

图 4.3-3 空调间歇运行时，墙体内表面热流波动情况

而两种外保温墙对比发现：外保温墙内表面热流值要低于免拆复合保温外模板墙，其原因在于内侧的空心砖和混凝土抹灰的蓄热性能弱于免拆复合外保温墙体内层的现浇混凝土。

综合以上分析表明：空调间歇运行时，墙体内层动态热响应性能决定墙体内表面热流的动态响应速率以及热流值的大小。网格墙中 6 种墙体热流动态热响应速率由高到低的排序（热流值由大到小）：内保温墙＞发泡混凝土自保温墙＞夹心保温墙＞自保温砌块墙＞外保温墙＞现浇混凝土外保温墙＞烧结实心砖墙。

另一方面，从空调启动运行长短对比可以看出：空调启动运行时间 1～2h，墙体内表面热流快速降低，然后始终处于上升状态；空调启动运行时间 4～8h 后，墙体内表面热流从上升趋于平稳，此时墙体内侧层的蓄冷量接近饱和。从模式 4 可以看出：空调后运行时段热流温变速率明显高于前运行时段，原因在于前空调运行时间段内未释放蓄冷量提高了后空调运行时段墙体蓄冷速率。

4.4　本章小结

　　本章实验和数值研究了建筑外墙保温形式对其表面动态热响应特性影响规律，探索最适宜于空调间歇运行时外墙保温形式，得出如下结论：

　　（1）空调间歇运行时，墙体内层动态热响应性能决定墙体内表面温度和热流的响应速率，内保温是最适宜于空调间歇运行的外围护结构保温形式。

　　（2）实验中 6 种墙体动态热响应速率由高到低的排序：内保温墙＞发泡混凝土自保温墙＞夹心保温墙＞自保温砌块墙＞外保温墙＞现浇混凝土外保温墙＞烧结实心砖墙。

　　（3）空调间歇运行时，前运行周期对后周期的墙体动态响应速率有一定促进作用，但受前运行周期的时长和两个运行周期的时间间隔的影响较大。

第 5 章　外墙动态热响应特性的数值研究

尽管第 4 章外墙动态热响应特性实验研究已经得出一些重要的结论，但受实验条件限制，实验还存在一些不足，如：为了减少空调出风口温度波动，空调温度设定为 16℃，与夏季空调实际值不符。另一方面，在保温结构形式和传热系数上，实验墙体都具有较大的差异，因此有必要排除传热系数影响，进一步探索墙体保温结构形式的影响规律。为了深入研究墙体动态热响应特性，利用数值模拟手段，对墙体动态热响应特性进行深入研究。

5.1　外墙的物理模型及研究工况描述

1. 外墙的物理模型描述

实验研究结果表明：空调间歇运行时，墙体保温结构形式对墙体内表面动态热响应特性影响显著。在研究墙体动态热响应影响时，为了有效地分析保温形式地影响，建立 5 种传热系数均为 $1.0W/(m^2 \cdot K)$，保温形式不同的墙体模型，如图 5.1-1 所示，有单设保温层（外保温，夹心保温

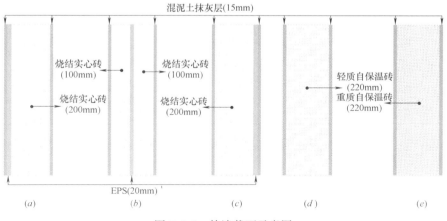

图 5.1-1　外墙截面示意图

和内保温）和自保温（轻质和重质自保温）两类，5 种墙体内外抹灰均为 15mm，单设保温层的保温材料使用建筑工程中常见 EPS。墙体材料的热物理属性见表 5.1-1。

墙体材料的热物理属性　　　　　　　表 5.1-1

材料名称	密度(kg/m³)	热容(J/(kg·K))	导热系数(W/(m·K))
混凝土抹灰	1406	1050	0.351
烧结实心砖	1536	523	0.751
EPS保温	22	1280	0.041
轻质自保砖	330.4	1050	0.290
重质自保砖	980	1200	0.292

2. 数值模拟工况及边界条件

数值模拟工况参考前期的问卷调研，表 5.1-2 给出了数值研究的 7 种空调间歇运行模式。考虑部分办公建筑，周六、日工作人员休息，空调不开启的特殊情况，在运行模式 3 和 4 的基础上，提出空调长时间停机的运行模式 5 和 6。

空调间歇模式　　　　　　　　　表 5.1-2

空调运行模式	运行时间	备注
连续运行	0：00～24：00	一周全运行
运行模式 1	7：00～8：00，12：00～14：00，19：00～21：00	一周全运行
运行模式 2	12：00～14：00，21：00～23：00	一周全运行
运行模式 3	8：00～18：00	一周全运行
运行模式 4	8：00～12：00，14：00～18：00	一周全运行
运行模式 5	8：00～18：00	周六、日空调不运行，周一运行
运行模式 6	8：00～12：00，14：00～18：00	周六、日空调不运行，周一运行

为了排除室外热环境日差异的影响，保证数值模拟研究结果的可比性，数值模拟时室外边界条件均采用同一天的室外气温和太阳辐射强度的测试数据。图 5.1-2 给出 8 月 26 日实验建筑室内外气温和太阳辐射强度变化情况。墙体内外表面对流换系数分别为 8.7W/(m²·K) 和 19W/(m²·K)。

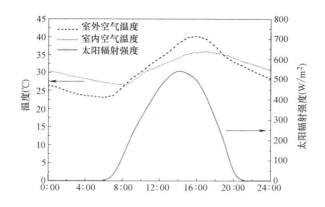

图 5.1-2　实验建筑室内外气温和太阳辐射强度变化情况

　　而室内热边界条件也需要在如图 5.1-2 所示的室外热环境下获得，为此本研究选择一栋具有多个独立房间的建筑，图 5.1-3 给出了该栋建筑的 3 楼平面图。每个独立房间安装 1kW 的变频空调，空调按照表 5.1-2 所示运行时间开机和关机，且实验期间，门窗紧闭。

　　图 5.1-4 给出了四个独立房间室内气温变化情况，其中模式 3 和 5 以及模式 4 和 6 的室内气温变化曲线完全一致，当空调连续运行时，室内空气温度为 25℃。空调按模式 1～4 间歇运行时，室内空气温度采用图 5.1-4（a）～（d）所示室内气温变化曲线。空调按模式 5 和 6 间歇运行时，周一至周五室内空气温度采用如图 5.1-4（c）和（d）所示室内气温变化曲线，在周六、日时采用如图 5.1-3 所示室内气温变化曲线。

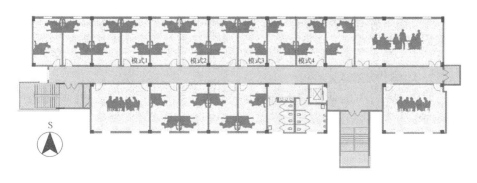

图 5.1-3　建筑的 3 楼平面图

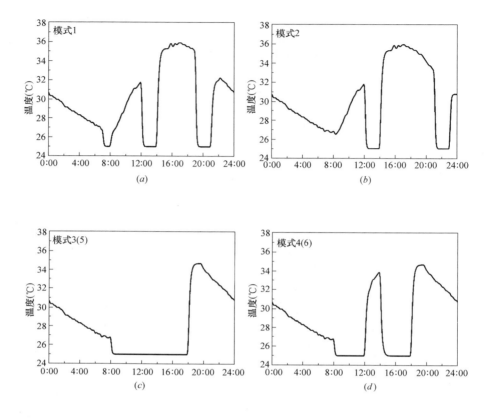

图 5.1-4　四个独立房间室内气温变化情况

5.2　墙体传热模型及其验证

1. 墙体传热模型描述

对于图 5.1-1 的几种墙体模型，墙体传热始终在内表面和外表面中进行，可将三维墙体传热简化为沿墙体厚度和高度二维传热。设 x 和 y 分别为墙体厚度方向，根据墙体的能量守恒，墙体二维瞬态传热能量方程描述如下：

$$\frac{\partial T}{\partial t} = \frac{\partial}{\partial x}\left(\frac{\lambda}{\rho C_{p}}\frac{\partial T}{\partial x}\right) + \frac{\partial}{\partial y}\left(\frac{\lambda}{\rho C_{p}}\frac{\partial T}{\partial y}\right) \tag{5.2-1}$$

边界条件如下：

$$\begin{cases} t=0: T=T_0 \\ T>0 \& x=0: -\lambda \dfrac{\partial T}{\partial x}\Big|_{x=0}=h_{in}(T_{in}-T_{L,in}) \\ T>0 \& x=\delta: -\lambda \dfrac{\partial T}{\partial x}\Big|_{x=\delta}=h_{out}(T_{L,out}-T_{out})+aI \end{cases} \quad (5.2\text{-}2)$$

其中：a 为表面太阳辐射吸收系数，实验墙体为水泥粉刷墙，取 0.56。

2. 墙体传热模型方法

在该研究中，模拟方法采用有限体积法，利用二阶精度的中心差分格式离散控制方程。当在利用编制的非稳态数值计算程序求解控制方程时，设定一定的时间步长，在每一时间步内，满足如下迭代收敛准则时，即可认为该时间步长的求解过程达到收敛，推进到下一时层继续进行计算。

$$\frac{\sum_{i,j}|T_{i,j}^{n+1}-T_{i,j}^n|}{\sum_{i,j}|T_{i,j}^{n+1}|} \leqslant 10^{-6} \quad (5.2\text{-}3)$$

3. 墙体传热模型验证

为了验证上述算法的准确性，利用数值算法验算第 4 章 4.3 节的部分实验内容。图 5.2-1 给出了实验期间太阳辐射强度和室内外气温的变化情况。

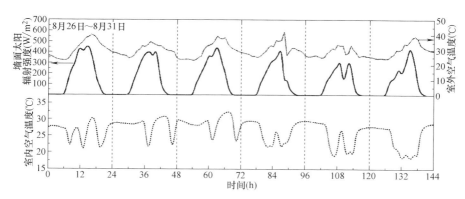

图 5.2-1　实验期间太阳辐射强度和室内外气温的变化情况

模拟验证对象选择外保温墙，夹心保温墙以及内保温墙。实验室外墙对流换热系数为 19W/(m²·K)[143]，由于空调出风口扰动，墙体内表面的不同位置的对流换热系数差异较大。根据实验测试得到墙体内表面温度和热流以及室内气温，采用下述方程进行计算：

$$h_{in} = \sum_{n=1}^{N} q_{L,in} / \sum_{n=1}^{N} (T_{L,in} - T_{in}) \qquad (5.2\text{-}4)$$

其中：N 为 24h 的整数倍。

根据上述的计算方法，空调运行时，外保温墙、夹心保温墙以及内保温墙的内表面对流换热系数分别为 9.41W/(m^2 · K)、10.12W/(m^2 · K) 和 12.04W/(m^2 · K)；空调关机时，各墙体对流换热系数均为 6.7W/(m^2 · K)。

图 5.2-2 对比外保温和内保温墙表面温度和热流的实验值和模拟值，可以看出：墙体内表面温度和热流的模拟值和实验值的变化趋势完全一致且最大值误差低于 3%，说明模拟值和实验值的吻合度较好，进而证明本节提出的传热模型是有效而可靠的。

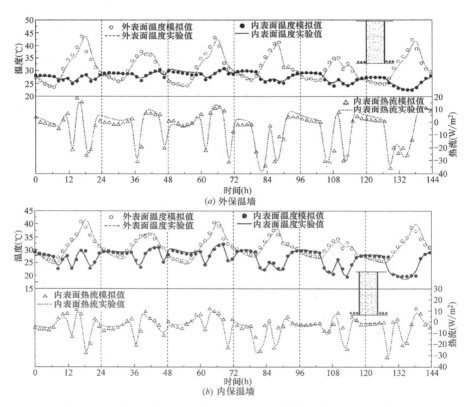

图 5.2-2　对比外保温和内保温墙表面温度和热流的实验值和模拟值

5.3 外墙动态热响应特性数值模拟结果及分析

1. 空调连续运行时内表面温度和热流的变化

图 5.3-1 给出空调连续运行时，5 种墙体内表面温度变化曲线。可以看出，尽管 5 种墙体传热系数相同，但重质自保温墙内表面温度延迟和衰减效果明显强于其他墙体，表明空调连续运行时，高热惰性墙体内表面温度稳定性较好。而 3 种单设保温层对比发现，外保温墙体振幅衰减和峰值延迟明显优于其他两种墙体，表明当空调连续运行时，外保温体系有利于减少墙体内表面温度波动。该现象原因在于空调连续运行时，内表面温度变化是由室外热环境变化引起的，因此高蓄热墙体或外保温体系均有利于减轻室外热环境扰动。

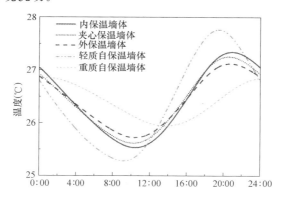

图 5.3-1 空调连续运行时，5 种墙体内表面温度的变化曲线

图 5.3-2 给出了空调连续运行时，墙体内表面热流变化曲线。可以看出：内表面热流影响规律与温度比较一致，高蓄热墙体和外保温体系均有利于减少内表面热流振幅。模式 1 和 2 为典型居住建筑空调间歇模式，空调开启运行时间一般为 1～2h。

2. 空调间歇模式 1 和 2 运行时，内表面温度和热流的变化

图 5.3-3 分别给出了空调间歇模式 1 和 2 运行时，墙体内表面温度变化曲线。可以看出：在 7：00～8：00 空调运行时段，轻质自保温墙和内保温墙内表面温度响应最快，温度值最低；在 12：00～14：00 空调运行时段，内保温内表面温度响应最快，温度值最低，其次为轻质自保温墙；

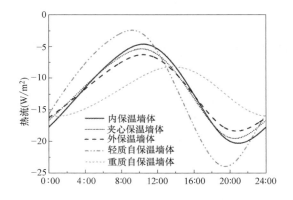

图 5.3-2 空调连续运行时，墙体内表面热流变化曲线

而在 19：00～21：00（或 21：00～23：00）空调运行时段，内保温墙体内表面温度响应最快，温度值最低，而其次是轻质自保温墙体温度响应速率较快，但其温度值要高于重质自保温墙。该现象的原因是：轻质自保温墙温度响应速率较快，故空调开启时轻质自保温墙的初温较高，但重质自保温墙温度响应速率相对较慢，其初温较低，因此在墙体温度响应速率和墙体初温的综合影响下，在 19：00～21：00（或 21：00～23：00）空调运行时段，轻质自保温墙内表面温度要高于重质自保温墙。

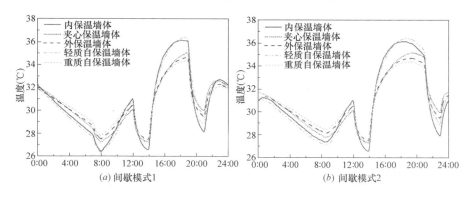

(a) 间歇模式1

(b) 间歇模式2

图 5.3-3 空调间歇模式 1 和 2 运行时，墙体内表面温度变化曲线

图 5.3-4 分别给出了空调间歇模式 1 和 2 运行时，墙体内表面热流变化曲线。在 7：00～8：00 空调运行时段，内保温墙和轻质自保温墙内表面热流波动曲线最高，但是热流为负值，故而热流值最小；在 12：00～14：00 以及19：00～21：00（或 21：00～23：00）空调运行时段，内保温墙内表面热流值

最小，其次是轻质和重质自保温墙；此外，从热流波动趋势可以看出：热流均没有趋于稳定，说明了墙体内侧层的蓄冷量均未饱和，因此墙体内侧层的材料热工性能决定了内表面热流动态响应情况及热流值的大小。在不同空调运行时段内，内表面热流值差异明显，夜间明显高于白天，下午明显高于上午；其原因是：室外气温波峰传入内表面约在 19：00～22：00（重质自保温墙0：00），故夜间墙体内侧温度偏高，空调运行时内表面热流较大；室外气温波谷传入内表面约在 9：00～10：00（重质自保温墙约在 12：00），故早晨墙体内侧温度偏低，空调运行时内表面热流较小，而中午（12：00～14：00）恰好介于夜间和早晨之间。

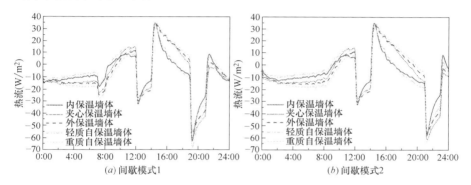

图 5.3-4   空调间歇模式 1 和 2 运行时，墙体内表面热流变化曲线

综合图 5.3-3 和图 5.3-4 的分析表明：对于居住建筑，当空调间歇运行时，内保温墙内表面热响应速率最高，室内热环境改善效果较好，墙体形成的空调负荷较低。

3. 空调间歇模式 3 和 4 运行时，内表面温度和热流的变化

模式 3 和 4 为典型办公建筑空调间歇模式，空调运行时间一般为 4～10h。图 5.3-5 分别给出了空调间歇模式 3 和 4 运行时，墙体内表面温度变化曲线。可以看出：对于间歇模式 3，在 8：00～18：00 空调运行时段，内保温墙体和轻质自保温墙体内表面温变速率较快，温度值最低，但内表面温度并不是一直降低，而在 12：00 左右时，内表面温度开始逐渐上升；其原因是：空调间歇运行的运行时间较长，前运行时段内表面温度波动主要受室内气温扰动影响，一般呈现下降趋势；但在后运行时段内，墙体表面温度变化受室内气温扰动影响逐渐减弱，而受室外热环境扰动影响逐渐突出，可能会出现一定波动，但如何波动，由此时室外温度传到内表面时波动情况决定。而对于间歇模式 4，在 8：00～12：00 空调运行时段，内保温墙体和轻质自保温墙体内表面温度变化速率较快，温度值最低，且内表面温度一直降低；而在 14：00～18：00 的空调运行时段，内保温墙体内表面温度变化速率较快，温度值最低，其次是重质自保温墙体。

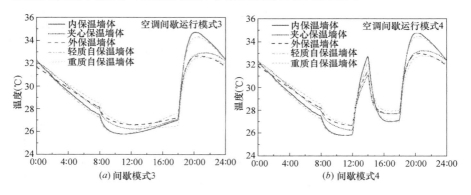

图 5.3-5　空调间歇模式 3 和 4 运行时，墙体内表面温度变化曲线

图 5.3-6 分别给出了空调间歇模式 3 和 4 运行时，墙体内表面热流的变化曲线。可以看出：对于间歇模式 3，在 8：00～18：00 空调运行时段，前半个运行时段，内保温墙和轻质自保温墙热流波动曲线较高，热流值较小；而后半个运行时段，重质自保温墙热流曲线略高，其次是内保温墙和夹心保温墙。表明空调间歇运行的运行时间较长时，前运行时段具有明显空调间歇运行特征；而对于间歇模式 4，在 8：00～12：00 空调运行时段，内保温墙体和轻质自保温墙体内表面热流曲线较高，热流值较小；而在 14：00～18：00 的空调运行时段，内保温墙和重质自保温墙的热流

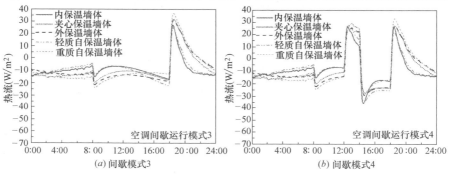

图 5.3-6　空调间歇模式 3 和 4 运行时，墙体内表面热流的变化曲线

曲线较高,热流值较小。

综合图 5.3-5 和图 5.3-6 的分析表明:对于办公建筑,当空调间歇运行时,内保温墙内表面热响应速率最高,室内热环境改善效果较好,墙体形成的空调负荷较低。

4. 空调间歇模式 5 和 6 运行时,内表面温度和热流的变化

本节还考虑部分办公建筑内,周六、日工作人员休息,空调不开启的特殊情况,提出周六、日空调不运行的运行模式 5 和 6。图 5.3-7 对比了周一和周五时,墙体内表面温度的变化曲线。其中,周一是空调周六、日停机后首次开启,而周五是延续了周一至周四空调持续性的间歇运行。可以看出:在 0:00~8:00,由于周六、日空调长时间停机,墙体蓄冷量基本释放完全,因此,在周一,墙体内表面温度要高于周五,但保温层越靠近内侧,温差越小,对于内保温墙,该温差可近似忽略。而在空调运行初期(8:00~12:00),由于墙体初期蓄冷量的差异,在周一时,墙体内表面温度还要高于周五,但随空调运行时间的延迟,温差逐渐减小。

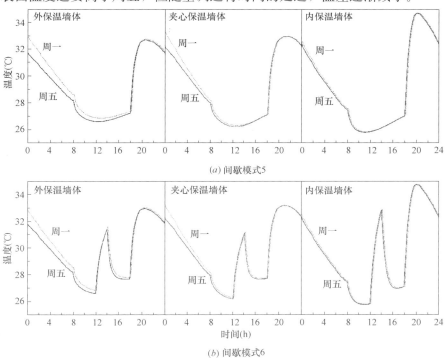

(a) 间歇模式5

(b) 间歇模式6

图 5.3-7 周一和周五时,墙体内表面温度的曲线

图 5.3-8 对比了周一和周五时，墙体内表面温度变化曲线。可以看出：无论在空调启动前还是启动运行初期，周一时的墙体内表面热流曲线均要低于周五，热流值均要大于周五，且保温层越靠近内侧，热流差越小。通过计算，在 8：00～18：00 的空调时间段，外保温墙、夹心保温墙和内保温墙的周一平均热流值比周五分别高出 13.2％、4.7％和 1.2％。

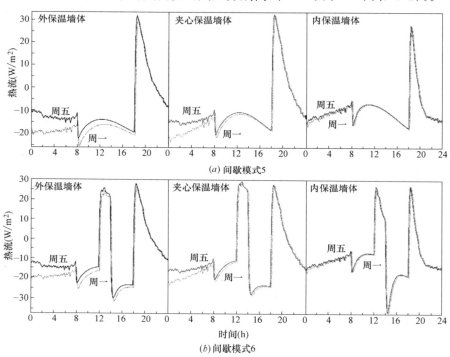

图 5.3-8　周一和周五时，墙体内表面热流的变化曲线

5. 空调连续和间歇运行时空调日负荷对比

在空调运行时段内，墙体内表面热流值可近似认为是墙体传热形成的空调负荷。图 5.3-9 给出了空调运行时段内，墙体形成的空调日负荷统计图。可以看出：当空调连续运行时，5 种墙体形成的日空调负荷的差小于 0.1％，说明当墙体传热系数一致时，空调连续运行时保温形式对墙体形成的日空调负荷影响非常小。从图 5.3-9（b）和（c）可以看出：在居住建筑中，与空调连续运行相比，空调间歇运行时，墙体形成的空调平均日负荷降低了 50％左右，其中内保温墙空调平均日负荷减少比例最高，其次是重质自保温墙，再次是轻质自保温墙。从图 5.3-9（d）和（e）可以

看出：在办公建筑中，与空调连续运行相比，空调间歇运行时墙体形成的空调平均日负荷降低了 60% 左右，其中内保温墙空调平均日负荷减少比例最高，其次是轻质自保温墙，再次是重质自保温墙和夹心保温。此外，对比图 5.3-9（d）和（e）的空调日负荷值，可以发现：尽管空调按间歇模式 3 运行时比间歇模式 4 多运行了 12：00～14：00 时间段，但是墙体形成空调日负荷却比间歇模式 4 少 5%。

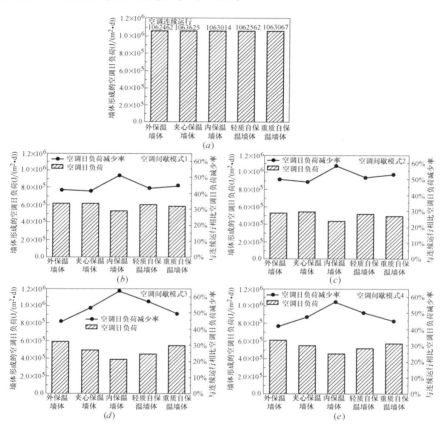

图 5.3-9 空调运行时段内，墙体传热形成的空调日负荷统计图

为了深入解释这一现象，图 5.3-10 给出了空调按间歇模式 3 和 4 运行时，空调运行时段内，墙体内表面热流响应情况。图中热流波动曲线与 $y=0$ 围成面积即空调运行时段内墙体形成空调负荷。可以看出：对于图 5.1-1（a）～（d）所示的外保温墙、夹心保温墙、内保温墙和轻质自保温墙，在空调 8：00～12：00 运行时段内，内表面热流曲线完全重合，即该

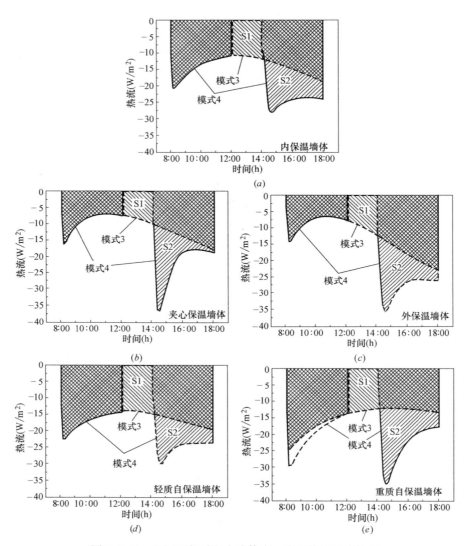

图 5.3-10　空调运行时段内墙体内，表面热流响应情况

时段内，墙体形成的空调负荷相同；在 12：00～14：00 的时段内，间歇模式 4 时空调停止，墙体形成的空调负荷为 0，而间歇模式 3 时墙体形成的空调负荷为 S1；而在 14：00～18：00 的时段内，由于模式 4 中空调停止了两个小时，因此空调按模式 4 运行时，墙体形成的空调负荷要高于模式 3，差值大小即为 S2；图中明显可以看 S2 的面积远高于 S1，表明间歇

模式 4 的 12：00～14：00 空调停机所节约的空调负荷 S1 要低于空调 14：00～18：00 运行时段额外付出的空调负荷 S2；对于重质自保温墙，空调 8：00～12：00 运行时段内，空调按间歇模式 4 运行时，墙体形成的空调负荷要略大于间歇模式 3，其原因在于间歇模式 4 运行小时数大于间歇模式 3 运行小时数，而重质自保温墙蓄热能力较强，前一天蓄冷量并未完全释放，而在空调开启时，间歇模式 4 墙体形成的空调负荷要略大于间歇模式 3 运行小时数。而其他时段与以上 4 种墙体一致，不再赘述。以上分析表明：对于本章数值模拟的 5 种墙体，空调连续运行（8：00～18：00），中午空调停机（12：00～14：00）并不能减少墙体形成的空调负荷。

5.4　本章小结

本章实验和数值研究了建筑外围护结构保温形式对其表面动态热响应特性影响规律，探索最适宜于空调间歇运行时外围护结构保温形式，得出如下结论：

（1）空调连续运行时，由于室外温度波动在墙体传递滞后性的影响，夜间空调启动时热流值要明显高于白天，下午空调开启时热流值要明显高于早上，且墙体热惰性越大，该现象越明显。

（2）当空调间歇运行且长时间停机，空调首次开机，墙体内表面温度恢复时间延长且热流值增大，但当保温层越靠近内侧，空调长时间停机的影响越弱。对于内保温墙，空调长时间停机对墙体内表面热响应速率可近似忽略。

（3）空调间歇运行且运行时段较长时，短时间的空调停止并不一定降低墙体引起的空调负荷。对于本章所研究的建筑墙体，空调按 8：00～12：00 和 14：00～18：00 间歇运行时，墙体引起的空调负荷比空调按 8：00～18：00 间歇运行时高 8%。

（4）与空调连续运行相比，空调间歇运行时的墙体形成空调日负荷的平均值降低了 40%～60%，其中内保温墙的降低幅度最大。

（5）基于空调全部空间、连续运行的节能设计策略并不适用于空调间歇运行，必须根据空调实际运行情况，进行建筑节能优化设计。

第6章 内饰面热属性对墙体动态热响应特性的影响

本章主要目的在于研究空调间歇运行时，建筑围护结构内饰面热属性对内表面动态热响应特性的影响，探索最适宜于空调间歇运行时围护结构内饰面构造。第3~5章研究已经表明空调间歇运行时，墙体内层材料热属性对墙体内表面动态热响应特性尤为重要，故而有必要对围护结构最内侧的饰面层进行深入研究。首先，建立具备不同内饰面墙体的实验模型，分析空调间歇运行时内饰面热属性对墙体内表面动态热响应特性的影响；其次，建立墙体与室内空气之间传热传质的数学模型并进行验证；最后，数值研究内饰面热属性对墙体内表面动态热响应特性的影响，提出适宜于空调间歇运行时的围护结构内饰面构造。

6.1 实验工况描述

本实验使用墙体动态测试实验建筑平台，如图6.1-1（a）所示，实

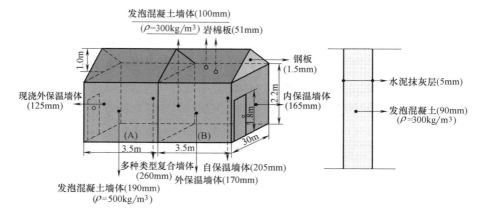

(a) 实验建筑   (b) 建筑内墙的截面图

图 6.1-1 墙体动态测试实验建筑平台

验对象为建筑内墙，图 6.1-1 （b） 给出了内墙截面图。可以看出：内墙两侧仅有 5mm 的水泥抹灰层，内墙整体均匀性较好；其次，与室外热环境相比，内墙非空调侧气温相对稳定，故而选择如图 6.1-1 （a） 所示的内墙，有助于降低墙体基层的影响。相关测试仪器和精度在本书第 4 章已经进行了详细的说明，不再赘述。

本章实验设计了 3 组内饰面材料对比工况，分别如图 6.1-2 （a） 所示铝板，木板和石膏板，为典型的均质密实内饰面；如图 6.1-2 （b） 所示墙纸，墙布和毛毯，为透气多孔内饰面；如图 6.1-2 （c） 所示的墙布，泡沫板＋墙布和橡塑海绵＋墙布，为典型软包内饰面。同时对未粘贴任何内层材料的内表面温度进行测试，作为本章研究对比对象。表 6.1-1 给出了墙体材料的热物理属性。

(a)内饰面组合1：铝板，木板和石膏板

(b)内饰面组合2：墙纸，墙布和毛毯

(c)内饰面组合3：墙布，泡沫板+墙布和橡塑海绵+墙布

图 6.1-2　3组内饰面材料对比工况图

本章实验采用理想的空调间歇模式，空调每隔 4h 启、停一次，实验中启、停机的时间次序分别为 8：00（开启）—10：00（停止）—12：00（开启）—14：00（停止）—16：00（开启）—18：00（停止）。图 6.1-3 给出了实验中空调启、停的时间分布。

墙体材料的热物理属性　　　　　　　　表 6.1-1

材料名称	密度(kg/m³)	热容(J/(kg·K))	导热系数(W/(m·K))
混凝土砂浆	1406	1050	0.3505
发泡混凝土($\rho=300kg/m^3$)	330.4	1050	0.1008
铝板	2710	840	202.77
木板	550	2510	0.349
石膏板	827	1090	0.3020
墙纸	700	1460	0.174
墙布	1300	1510	0.2230
毛毯	1500	1110	0.052
泡沫板	97	1020	0.039
橡塑海绵	46	1540	0.0325

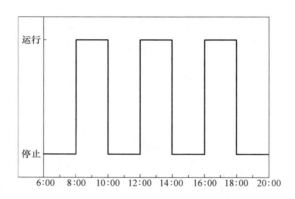

图 6.1-3　实验中空调启、停时间分布

6.2　实验结果及分析

1. 内饰面组合 1：铝板，木板和石膏板

图 6.2-1 给出了空调房间、邻室房间和室外气温的波动情况。可以看出：在实验期间（12：00～19：00），室外气温在 27.7～36.6℃之间波动；空调启动时，邻室气温略高于空调房间气温，且实验期间，邻室气温处于上升趋势，最高气温达 28℃。当空调开启约 15min，房间温度达到设定值，但受空调出口温度波动影响，空调房间气温有 3.5℃的波动。特别指

出，受校园临时停电影响，仅进行 12：00～14：00 和 16：00～18：00 时段内的实验。

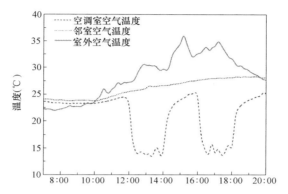

图 6.2-1　空调房间、邻室房间和室外气温的波动情况（时间：2015.8.20）

图 6.2-2 给出了内饰面组合 1 时，墙体内表面温度波动情况。可以看出：空调启动时，木板内饰面动态热响应速率最高；而空调停止时，水泥抹灰（未粘贴内饰面）、木板和石膏板内表面温度响应速率一致，明显高于铝板。数据处理可知：木板饰面墙体内表面平均温度降幅比水泥抹灰要高 1.2℃，温度降低幅度提升 24.6%；石膏内饰面墙体内表面的平均温度降幅比水泥抹灰要高 0.9℃，温度降低幅度提升 18.2%；铝板内饰面墙体内表面的平均温度降幅比水泥抹灰要高 0.8℃，温度降低幅度提升 16.1%。

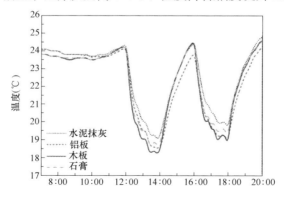

图 6.2-2　内饰面组合 1 时，墙体内表面温度波动情况

2. 内饰面组合 2：墙纸，墙布和毛毯

图 6.2-3 给出了空调房间、邻室房间和室外气温的波动情况。可以看

出，在实验期间（8：00～19：00），室外气温在20～33.6℃之间波动，约在17：00下雨，室外气温大幅下降，但邻室气温比较稳定，表明室外气温骤降对室内影响较小。

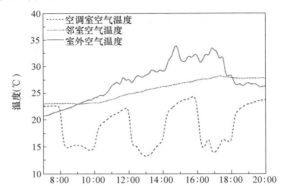

图 6.2-3 空调房间、邻室房间和室外气温的波动情况（时间：2015.8.22）

图 6.2-4 给出了内饰面组合 2 时，墙体内表面温度波动情况。可以看出：当空调开启后，毛毯内饰面热响应速率最快，表面温度值较低，其次为墙布。当空调停止时，墙体内表面温度波动基本一致。经过数据处理可知：毛毯内饰面墙体内表面平均温度比水泥抹灰（未粘贴内层材料）要低1.85℃，温降幅度增加了 49.2%。墙布内饰面墙体内表面的平均温度比水泥抹灰（未粘贴内层材料）要低 1.7℃，温降幅度提升45.2%；墙纸内饰面墙体内表面的平均温度降低比水泥抹灰（未粘贴内层材料）要低0.7℃，温降幅度提升 18.6%。

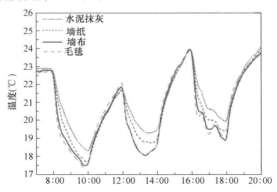

图 6.2-4 内饰面组合 2 时，墙体内表面温度波动情况

图 6.2-3 和图 6.2-4 的对比发现：内饰面组合 2 的透气多孔内饰面的墙体内表面热响应速率显著高于组合 1 的均质密实内饰面。该现象的原因有二：一方面，与均质密实型内层材料相比，透气多孔内饰面与近壁面空气不仅存在热交换，还存在一定的质交换；另一方面，内饰面组合 2 的透气多孔内饰面的表面粗糙度要高于组合 1 的均质密实内饰面，墙体内表面越粗糙，内表面对流换热系数越大，墙体内表面和室内空气换热能力越强。

3. 内饰面组合 3：墙布，泡沫板＋墙布和橡塑海绵＋墙布

图 6.2-5 给出了空调房间、邻室房间和室外气温的波动情况。可以看出：在实验期间（8：00～19：00），室外气温在 22～32.1℃ 之间波动，而邻室气温波动仅有 3℃。同样，受空调出口温度波动影响，空调房间气温有 2.9℃ 的波动。

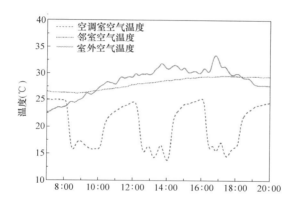

图 6.2-5 空调房间、邻室房间和室外气温的波动情况（时间：2015.8.24）

图 6.2-6 给出了内饰面组合 3 时，墙体内表面温度波动情况。可以看出：当空调开启后，橡塑海绵＋墙布内饰面热响应速率最快，表面温度值较低，其次为泡沫板＋墙布；当空调停止后，橡塑海绵＋墙布以及泡沫板＋墙布内饰面温度响应一致，明显高于墙布和水泥抹灰（未粘贴内饰面）。对数据处理可知：橡塑海绵＋墙布内饰面墙体表面平均温度降幅比水泥抹灰（未粘贴内饰面）要高 3.1℃，温度降低幅度提升 73.8%；泡沫板＋墙布内饰面墙体内表面的平均温度降幅比水泥抹灰（未粘贴内饰面）要高 2.6℃，温度降低幅度提升 61.9%；墙布内饰面墙体内表面的平均温度降幅比水泥抹灰（未粘贴内饰面）要高 1.86℃，温度降低幅度提升 44.2%；以上分析表明：软包内饰面可以显著地提高墙体表面温度的热响应速率。

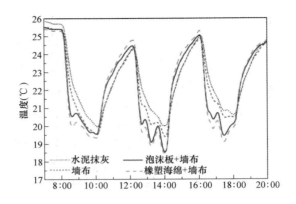

图 6.2-6　内饰面组合 3 时，墙体内表面温度波动情况

6.3" 数值研究方法描述

1. 物理模型描述

尽管以上实验定性研究了内饰面热属性对墙体内表面温度响应速率的影响，但目前墙体内饰面材料种类繁多，以上实验工况是远远不够的，必须从机理上进行深入研究。为此，本章利用数值模拟，深入研究内饰面热属性对墙体内表面热响应速率影响规律，建立如图 6.3-1 所示的室内空气与墙体的传热传质物理模型。

考虑保温形式的影响，建立了外保温墙（图 6.3-1a）和内保温墙（图 6.3-1b）两种模型。墙体中混凝土抹灰层、EPS 保温层、烧结实心砖以及内饰面的厚度分别为 10mm、20mm、200mm 和 10mm。内饰面材料考虑均质密实和透气多孔两类。表 6.3-1 给出了墙体材料的热物理属性。

2. 传热模型描述

在本研究中，假定室内空气流动为不可压缩的层流流动，在纯流体区域，采用二维 N-S 方程和能量方程来描述其内的流动与换热。在多孔介质区域，采用 Brinkman-Forchheimer 扩展 Darcy 模型来描述其内的流动。多孔介质为均匀各向同性的饱和介质，同时引入局部热平衡模型[144-149]来考虑多孔介质骨架与空气的换热，且流体，固体以及多孔介质的热物性为常量。在均质固体区域，采用二维导热方程来描述墙体各层的换热，其控制方程如下：

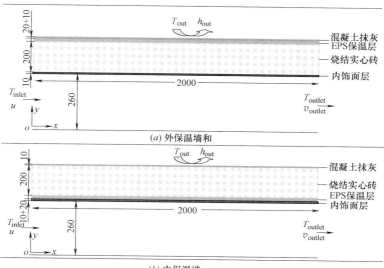

图 6.3-1 室内空气与墙体的传热传质物理模型（mm）

墙体材料的热物理属性
表 6.3-1

材料名称	密度(kg/m³)	热容(J/(kg・K))	导热系数(W/(m・K))	黏度(m²/s)
水泥砂浆	1406	1050	0.3505	—
EPS	22	1280	0.0410	—
烧结实心砖	1536	523	0.7507	—
空气	1.205	1.005	0.0251	1.506×10^{-5}

纯流体和多孔介质区域的连续性方程：

$$\frac{\partial u}{\partial x} + \frac{\partial v}{\partial y} = 0 \tag{6.3-1}$$

纯流体区域和多孔介质区域的动量方程：

$$\begin{cases} \dfrac{\partial u}{\partial t} + u\dfrac{\partial u}{\partial x} + v\dfrac{\partial u}{\partial y} = -\dfrac{1}{\rho_a}\dfrac{\partial P}{\partial x} + \nu_a\left(\dfrac{\partial^2 u}{\partial^2 x} + \dfrac{\partial^2 u}{\partial^2 y}\right) \\[2mm] \dfrac{\partial v}{\partial t} + u\dfrac{\partial v}{\partial x} + v\dfrac{\partial v}{\partial y} = -\dfrac{1}{\rho_a}\dfrac{\partial P}{\partial y} + \nu_a\left(\dfrac{\partial^2 v}{\partial x^2} + \dfrac{\partial^2 v}{\partial y^2}\right) \end{cases} \tag{6.3-2}$$

$$\begin{cases} \dfrac{\partial u}{\phi\partial t} + \dfrac{1}{\phi^2}\left(u\dfrac{\partial u}{\partial x} + v\dfrac{\partial u}{\partial y}\right) = -\dfrac{1}{\rho_a}\dfrac{\partial P}{\partial x} + \dfrac{\nu_m}{\phi}\left(\dfrac{\partial^2 u}{\partial^2 x} + \dfrac{\partial^2 u}{\partial^2 y}\right) - \dfrac{\nu_m u}{K} - \dfrac{c_F}{\sqrt{K}}\sqrt{\dfrac{\partial^2 u}{\partial^2 x} + \dfrac{\partial^2 u}{\partial^2 y}}u \\[2mm] \dfrac{\partial v}{\phi\partial t} + \dfrac{1}{\phi^2}\left(u\dfrac{\partial v}{\partial x} + v\dfrac{\partial v}{\partial y}\right) = -\dfrac{1}{\rho_a}\dfrac{\partial P}{\partial y} + \dfrac{\nu_m}{\phi}\left(\dfrac{\partial^2 v}{\partial^2 x} + \dfrac{\partial^2 v}{\partial^2 y}\right) - \dfrac{\nu_m v}{K} - \dfrac{c_F}{\sqrt{K}}\sqrt{\dfrac{\partial^2 u}{\partial^2 x} + \dfrac{\partial^2 u}{\partial^2 y}}v \end{cases}$$

$$\tag{6.3-3}$$

固体区域，纯液体区域以及多孔介质区域的能量方程：

$$\frac{\partial T_s}{\partial t}=\frac{\partial}{\partial x}\left(\frac{\lambda_s}{\rho_s C_{p,s}}\frac{\partial T_s}{\partial x}\right)+\frac{\partial}{\partial y}\left(\frac{\lambda_s}{(\rho C_P)_s}\frac{\partial T_s}{\partial y}\right) \tag{6.3-4}$$

$$\frac{\partial T_a}{\partial t}+u\frac{\partial T_a}{\partial x}+v\frac{\partial T_a}{\partial y}=\frac{\lambda_a}{(\rho C_P)_a}\left(\frac{\partial^2 T_a}{\partial x^2}+\frac{\partial^2 T_a}{\partial y^2}\right) \tag{6.3-5}$$

$$\left[\phi(\rho C_P)_a+(1-\phi)(\rho C_P)_s\right]\frac{\partial T_m}{\partial t}+(\rho C_P)_a u\frac{\partial T_m}{\partial x}+(\rho C_P)_a v\frac{\partial T_m}{\partial y}$$

$$=\lambda_m\left(\frac{\partial^2 T_m}{\partial x^2}+\frac{\partial^2 T_m}{\partial y^2}\right) \tag{6.3-6}$$

其中：下标 a、m 和 s 分别代表纯流体区、多孔介质区和固体区；u 和 v 分别为 x 轴和 y 轴方向上的速度，m/s；T 表示材料的温度，℃；ϕ 为多孔介质孔隙率；K 为多孔介质渗透率，5×10^{-7} m²；ρ 表示材料密度，kg/m³；C_p 表示材料的热容，J/(kg·K)；λ 表示材料导热系数，W/(m·K)；多孔介质区域的有效运动黏度 ν_m 近似与流体运动黏度 ν_a 相等，这一近似与 Lundgren 所得的实验结果符合较好[150]。

多孔介质区域的有效导热系数 λ_m 和 Forchheimer 系数 c_F[151]定义如下：

$$\lambda_m=(1-\phi)\lambda_s+\phi\lambda_a \tag{6.3-7}$$

$$c_F=1.75/(\sqrt{150}\phi^{1.5}) \tag{6.3-8}$$

边界条件如下：

$$\begin{cases} t=0 \quad u=v=0, T=T_0 \\ t>0, x=0 \quad \frac{\partial T}{\partial x}=0, \frac{\partial u}{\partial x}=\frac{\partial v}{\partial x}=0(0\leqslant y\leqslant240), u=v=0(240\leqslant y\leqslant500) \\ t>0, x=2000 T_a=T_{inlet}, u=u_{inlet}, v=0(0\leqslant y\leqslant240); \frac{\partial T}{\partial x}=0, (240\leqslant y\leqslant500) \\ t>0, y=0 \quad \frac{\partial T}{\partial y}=0, u=v=0 \\ t>0s, y=500 \quad \frac{\partial T}{\partial y}=h_{out}(T_{out}-T_{1,out}), u=v=0 \end{cases}$$

$$\tag{6.3-9}$$

3. 传热模型计算方法

在我们的研究中，基于有限体积法和 SIMPLER 算法求解非稳态边界条件（6.3-9）下的控制方程（6.3-1）～（6.3-6），其中时间项采用全隐格式进行离散，对流项和扩散项分别采用 QUICK 格式和二阶中心差分格式进行离散，所有离散代数方程采用 TQMA 方法进行计算。当在利用编制的非稳态数值计算程序来求解控制方程时，设定一定的时间步长，在每一时间步内，满足如下迭代收敛准则时，即可认为该时间步长的求解过程达到收敛，推进到下一时层继续进行计算：

$$\frac{\sum_{i,j}|T_{i,j,k}^{n+1} - T_{i,j}^{n}|}{\sum_{i,j}|T_{i,j,k}^{n+1}|} \leqslant 10^{-5} \qquad (6.3\text{-}10)$$

4. 传热模型在验证

为了验证计算程序的准确性和可靠性，对内饰面组合 2 的毛毯内饰面和抹灰内饰面进行数值模拟。模拟条件：空调运行时空气进口流速 u 取实验测试值 0.325m/s，空调停止时空气进口流速取实验测试值 0.123m/s。空气出口设置为自由出流，空气进口温度 T_{inlet} 取室内气温见图 6.2-3，墙体另侧气温取邻室气温见图 6.2-3，对流换热系数为 8.7W/(m² · K)，毛毯孔隙率为 0.121。图 6.3-2 分别对比了毛毯和抹灰内饰面温度的模拟值和实验值。可以看出：无论是抹灰的均质内饰面，还是毛毯的多孔内饰面，模拟值和实验值的吻合度较好，证明本节提出的传热模型是有效且可靠的。

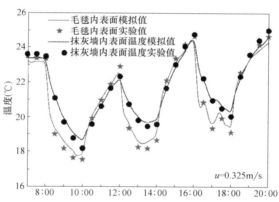

图 6.3-2　毛毯和抹灰内饰面温度的模拟值和实验值

6.4　数值结果及分析

数值研究时，假定墙体和室内空气初温均为 35℃，进口气温为 25℃，墙体外表面对流换热系数为 19W/(m² · K)；墙体抹灰层，保温层和结构层的热物理属性见表 6.3-1。

1. 均质密实内饰面

图 6.4-1 给出了不同室内空气流速时，均质内饰面墙体内表面温度变化情况。可以看出：室内空气流速越大，内表面温度响应速率越快，内表面温度值越低，表明提高室内空气流速会提高墙体内表面温度响应速率。对比不同空气流速发现：当空气流速由 0.1m/s 增到 0.4m/s 时，内保温和外保温墙内表面平均温度分别降低了 1.336℃ 和 1.435℃；而当空气流速由 0.4m/s 增到 1.0m/s 时，墙体内表面平均温度仅降低了 0.3℃。以上现象表明：在低空气流速时，增大空气流速可以显著提高墙体内表面的热响应速率；而在高空气流速时，增大空气流速对提高墙体内表面热响应速率并不显著；另一方面，内保温和外保温墙对比发现：在空调运行时段内，内保温墙内表面平均温度比外保温墙体低 2℃ 左右，且空气流速越低，墙体内表面温差越大。

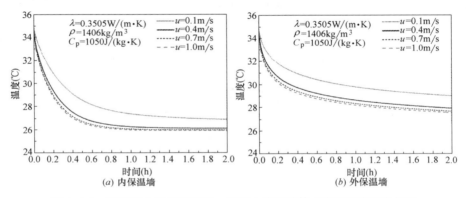

图 6.4-1 不同室内空气流速时，均质内饰面墙体内表面温度变化情况

图 6.4-2 给出了不同室内空气流速时，均质内饰面墙体内表面热流变化情况。可以看出：室内空气流速越大，墙体内表面热流响应速率越快，但内表面热流值越大，表明提高室内空气流速会增大墙体热流。对于内保温墙，当空调开启运行 0.4h 内，$u=0.1$m/s 的墙体内表面热流值要明显的小于其他三条曲线，而运行时间超过 0.4h，四条热流曲线几乎完全重合；对于外保温墙体，当空调开启运行 2h 内，$u=0.1$m/s 的墙体内表面热流值均明显小于其他三条曲线，且运行时间越长，热流值差额越小；另一方面，内保温和外保温墙对比发现，在空调开启的 2h 内，外保温墙内表面平均热流是内保温墙的 2 倍，表明空调间歇运行时，内保温墙体会更有利于建筑节能。

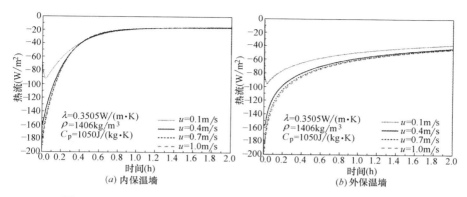

图 6.4-2 不同空气流速时，均质内饰面墙体内表面热流变化情况

图 6.4-3 给出了不同内饰面导热系数时，均质内饰面墙体内表面温度变化情况。可以看出：墙体内饰面导热系数越小时，墙体内表面温变速率越快，表明减少内饰面导热系数有利于提高墙体内表面温变速率，但对于内保温墙，其保温层靠近内侧，内饰面导热系数的影响比较有限；对于外保温墙，减少内饰面导热系数对提高内表面温变速率效果非常显著。

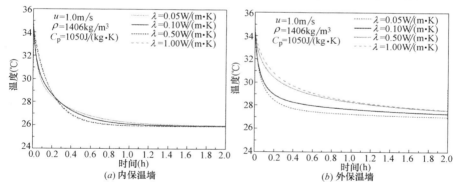

图 6.4-3 不同内饰面导热系数时，均质内饰面墙体内表面温度变化情况

图 6.4-4 给出了不同内饰面导热系数时，均质内饰面墙体内表面热流变化情况。可以看出：墙体内饰面导热系数越小时，墙体内表面热流变化速率越快，热流值越低。但同样，对于外保温墙，减少内饰面导热系数效果非常显著，而对于内保温墙，其效果并不显著。

图 6.4-5 给出了不同内饰面体积比热容时，均质内饰面墙体内表面温度变化情况。可以看出，内饰面的体积比热容越小，墙体内表面热响应速率越快，表明降低内饰面体积比热容有利于提高墙体热响应速率。其原因是：

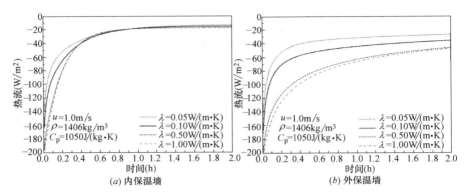

图 6.4-4　不同内饰面导热系数时，均质内饰面墙体内表面热流变化情况

内饰面的体积比热容越大，墙体内侧蓄热能力越强，故而墙体热响应速率越低。此外，对于内保温墙，当内饰面体积比热容由 10000kJ/（m³·K）降低至 1000kJ/（m³·K）时，内表面平均温度降低 5.35℃；对于外保温墙，当内饰面体积比热容由 10000kJ/（m³·K）降低至 1000kJ/（m³·K）时，内表面平均温度降低 2.84℃。以上数据表明：内饰面体积比热容对内保温墙内表面温度响应速率影响程度明显高于外保温墙。

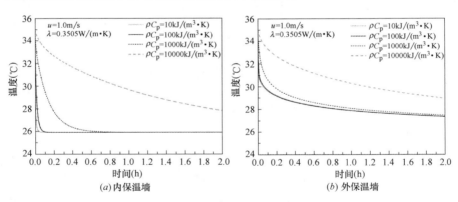

图 6.4-5　不同内饰面体积比热容时，均质内饰面墙体内表面温度变化情况

图 6.4-6 给出了不同内饰面体积比热容时，均质内饰面墙体内表面热流变化情况。可以看出：内饰面体积比热容越小，墙体内表面热流值越低，表明降低内饰面体积比热容有利于降低墙体内表面热流值。此外，对于内保温墙，当内饰面体积比热容由 10000kJ/（m³·K）降低至 1000kJ/（m³·K）时，内表面平均值降低 71%；对于内保温墙，当内饰

面体积比热容由 10000kJ/(m³·K) 降低至 1000kJ/(m³·K) 时，内表面平均值降低 37.5%；表明体积比热容对内保温墙内表面热流影响程度显著高于外保温墙。

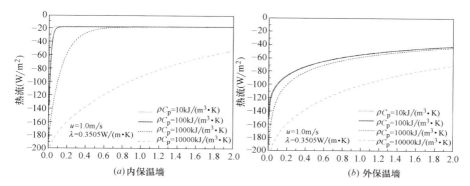

图 6.4-6　不同内饰面体积比热容时，均质内饰面墙体内表面热流变化情况

2. 多孔内饰面

图 6.4-7 给出了不同室内空气流速时，多孔内饰面墙体内表面温度变化情况。可以看出：室内空气流速越大，墙体内表面热响应速率越快；当 $u=0.1$m/s 增大至 $u=0.4$m/s 时，墙体内表面温度变化速率显著增大，而当室内空气流速 u 继续增大时变化速率增大并不显著。

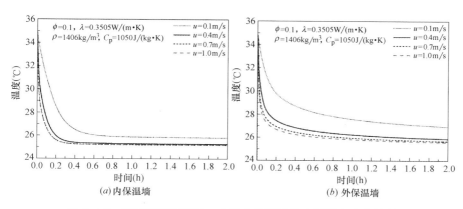

图 6.4-7　不同空气流速时，多孔内饰面墙体表面温度变化情况

图 6.4-8 给出了不同空气流速时，内饰面与墙体交界面热流变化情况。需要特别指出：内饰面与室内空气不仅存在热交换而且存在一定质交换，因此墙体形成的空调负荷主要两个方面：（1）内饰面与空气之间对流

换热；（2）内饰面与空气之间的传质强化传热。因此，为了综合该两个方面换热的影响，本章使用内饰面与墙体的交界面热流进行分析。

由图 6.4-8 可以看出，室内空气流速越大，墙体内表面热流动态响应速率越快，但内表面热流值越大，表明提高室内空气流速会增大墙体热流。同样当室内空气流速超过 0.4m/s 后，室内空气流速对墙体内表面热响应速率影响可近似忽略。

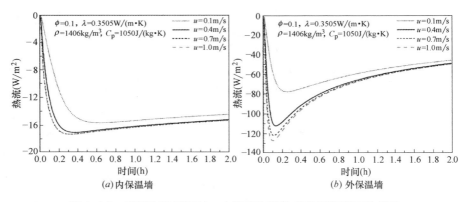

图 6.4-8　不同空气流速时，内饰面与墙体交界面热流变化情况

图 6.4-9 给出了不同内饰面导热系数时，内保温墙和外保温墙的内表面温度变化情况。可以看出：导热系数越低，内保温和外保温墙内表面温度响应速率均略微有所增加。原因是：多孔内饰面与室内空气存在一定的质交换，因此即使内饰面导热系数较低，但是也难以体现温度动态热响应性能。

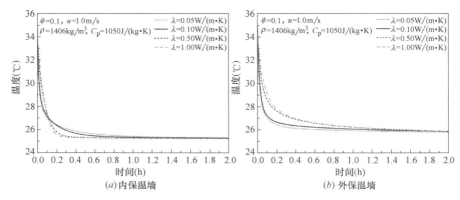

图 6.4-9　不同内饰面导热系数时，内保温墙和外保温墙的内表面温度变化情况

图 6.4-10 给出了不同内饰面导热系数时，内饰面与墙体交界面热流变化情况。可以看出：内饰面导热系数越小，内饰面与墙体交界面热流值越低，表明降低多孔内饰面导热系数可以降低墙体内表面热流，尤其是对外保温墙效果更为显著。

(a) 内保温墙　　(b) 外保温墙

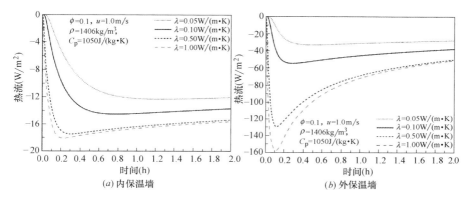

图 6.4-10　不同内饰面导热系数时，内饰面与墙体交界面热流变化情况

图 6.4-11 给出了不同内饰面体积比热容时，内保温墙和外保温墙的内表面温度变化情况。可以看出：多孔内饰面体积比热容越低，墙体内表面是温度变化速率越快，其原因在于内饰面体积比热容越高，墙体内侧蓄热能力越强，故而墙体热响应速率越低。

(a) 内保温墙　　(b) 外保温墙

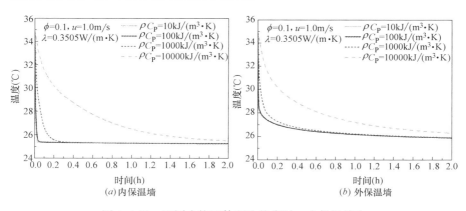

图 6.4-11　不同内饰面体积比热容时，内保温墙和外保温墙的内表面温度变化情况

图 6.4-12 给出了不同内饰面体积比热容时，内饰面与墙体交界面热

流变化情况。特别指出，在分析内饰面体积比热容影响时，内饰面与墙体交界面热流值的热流变化规律与内饰面和室内空气的交界面恰好相反，因为内饰面体积比热容越大，蓄热能力越强，内饰面和室内空气的热流值越大且内饰面的温变越慢，故而内饰面与墙体之间传热就相对较少；故而图 6.4-12 中内饰面与墙体的交界面热流值随着体积比热容的增加而降低。

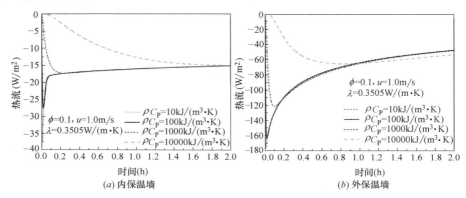

图 6.4-12　不同内饰面体积比热容时，内饰面与墙体交界面热流变化情况

3. 均质密实和多孔内饰面对比

图 6.4-13 给出了不同内饰面孔隙率时，内保温墙外保温墙的内表面温度变化情况。其中，孔隙率 $\phi=0$ 即为均质材料。可以看出：当孔隙率由 0 增加至 0.1 时，墙体内表面温度响应速率明显提高；而当孔隙率由 0.1 增加至 0.2 时，墙体内表面温度响应速率无明显提高，其原因在于空

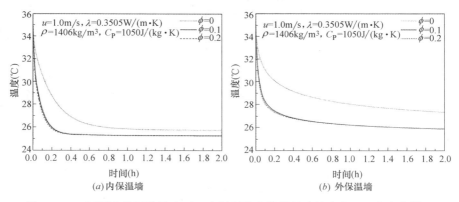

图 6.4-13　不同内饰面孔隙率时，内保温墙和外保温墙的内表面温度变化情况

气黏度较低，很容易与多孔内饰面行传质交换，因此孔隙率由 0.1 增加至 0.2 时，墙体内表面温度响应速率无显著提升。另一方面，通过内保温和外保温墙的对比发现，在外保温墙中，复合多孔内饰面对提高墙体内表面温度响应速率效果显著高于内保温墙。

图 6.4-14 给出了不同内饰面孔隙率时，内饰面与墙体的交界面热流变化情况，其中孔隙率 $\phi=0$ 即为均质材料。可以看出：多孔内饰面内饰面与墙体的交界面热流值明显高于均质内饰面，其原因主要有以下两个方面：（1）多孔内饰面与室内空气不仅有热交换，而且还有质交换，强化了墙体与室内空气之间换热；（2）多孔内饰面表面粗糙度要高于均质内饰面，同样会强化墙体与室内空气之间换热。

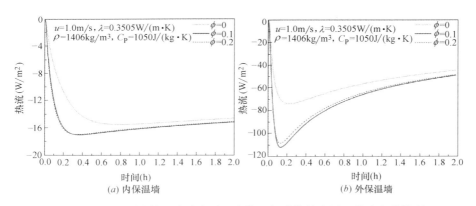

图 6.4-14　不同内饰面孔隙率时，内饰面与墙体的交界面热流变化情况

6.5　本章小结

本章通过实验和数值模拟，研究了空调间歇运行时，建筑外围护结构内饰面热属性对其内表面动态热响应特性的影响，探索最适宜于空调间歇运行时围护结构内饰面构造，得到以下结论：

（1）内饰面属性显著影响墙体内表面热响应速率。与水泥抹灰内饰面相比，木板内饰面内表面平均温度降低幅度提高了 24.6%，毛毯内饰面内表面平均温度降低幅度提高了 49.2%，橡塑海绵＋墙布内饰面内表面平均温度降低幅度提高了 73.8%。

（2）对于均质和多孔内饰面，提高室内空气流速可以增大墙体内表面温度响应速率，且在室内空气低流速时，效果更为显著，但提高室内空气流速会增强墙体内表面和室内空气对流换热，会增加内表面热流。

（3）对于均质内饰面，降低内饰面导热系数不仅能提高墙体内表面温变速率，还能降低内表面热流，且对于外保温墙，效果更为显著；对于多孔内饰面，降低内饰面导热系数可显著降低内表面热流，但对内表面温变速率影响较小。

（4）对于均质和多孔内饰面，降低内饰面体积比热容不仅能提高墙体内表面温度响应速率，还能降低内表面热流，且对于内保温墙，效果更为显著。

（5）与均质内饰面相比，多孔内饰面显著加强墙体内表面和室内空气对流换热强度，提高墙体内表面温度动态热响应速率，但也增加了内表面热流，且对于外保温墙，效果更为显著。

第7章 内围护结构动态热响应特性的数值研究

本章研究的主要目的是：数值研究空调间歇运行时，建筑内围护结构动态热响应特性以及探索适宜于空调间歇运行的内围护结构构造方式。本文所研究内围护结构包含内墙和楼板两个方面。首先，建立内围护结构两侧房间的 8 种典型空调间歇模式以及典型建筑内墙和楼板的物理模型；其次，数值分析各种空调间歇模式时，内墙构造和厚度以及楼板构造对其内表面动态热响应特性影响，并提出适宜于空调间歇运行的内围护结构构造方式；最后，对空调间歇运行所特有的局部空间的邻室漏热问题进行分析，探讨邻室漏热对内围护结构形成的空调负荷影响。

7.1 研究工况及热边界条件的确定

1. 本室与邻室空调运行工况

本章研究考虑内围护结构两侧房间的 4 种空调运行方式组合情况，该 4 种空调运行方式组合工况如下：

空调运行组合工况 1：邻室空调不运行，仅本室空调间歇运行；

空调运行组合工况 2：邻室空调连续运行，本室空调间歇运行；

空调运行组合工况 3：邻室和本室空调同步间歇运行；

空调运行组合工况 4：邻室和本室空调非同步间歇运行；

需要特别指出，房间与走廊之间隔墙属于工况 1。

同时考虑居住建筑和办公建筑空调间歇模式的差异性，图 7.1-1 给出了内围护结构两侧房间 8 类典型空调运行模式。

2. 两侧室内气温条件

在不同空调间歇运行工况时，室内空气温度参见空调间歇模式 1～4 时室内气温随时间的变化情况，忽略内围护结构传热对邻室气温的影响，图 7.1-2 给出了内围护结构两侧房间室内气温随时间变化情况。

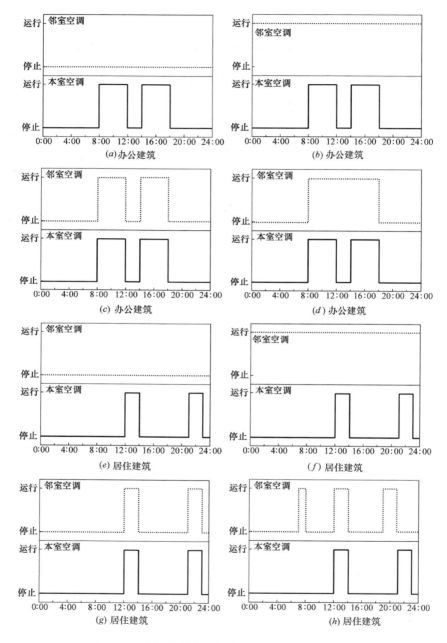

图 7.1-1　内围护结构两侧房间 8 类典型空调运行模式

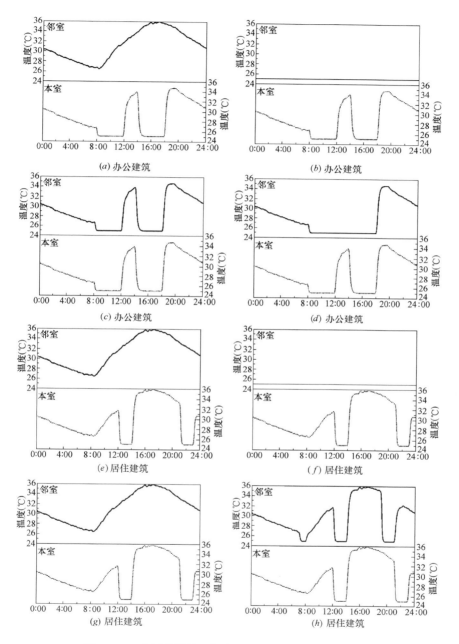

图 7.1-2　内围护结构两侧房间内气温随时间变化情况

7.2　物理模型描述

　　一直以来，我国建筑节能设计均是考虑空调采暖设备连续运行，内围护结构两侧房间气温认为基本一致，故空调连续运行时，邻室和本室之间温差极小，内围护结构难以形成负荷。因此，在夏热冬冷和夏热冬暖地区，内围护结构保温性能未做强制要求[22-23]。即使在严寒或寒冷地区，也仅对非采暖与采暖房间的内围护结构传热系数虽有限定，但是其值远低于外围护结构的保温性能限值[21]。故而，目前建筑中内围护结构仅具备划分建筑区间，隔声等功能。然而，对于空调间歇运行时，不同空调间歇模式必然形成内围护结构两侧房间气温差，并形成内围护结构两侧房间的传热；另一方面，由于空调间歇运行时室内温度波动幅度较大，内围护结构的蓄放热也会形成一定的空调负荷；因此对于空调间歇运行时，内围护结构传热形成的空调负荷是房间空调负荷的重要组成部分。本章所研究内围护结构包含内墙和楼板两个方面。

1. 内墙物理模型

　　图 7.2-1 给出 3 种典型建筑内墙截面图。同时考虑内墙厚度的差异性，设计 110mm 和 210mm 厚的两类墙体；由图 7.2-1 所示，3 种典型内墙分别为空心烧结砖墙、实心烧结砖墙以及发泡混凝土砌块墙。尽管内墙种类多种多样，但是该 3 种典型墙体代表了夹心空气层墙、轻质保温墙以

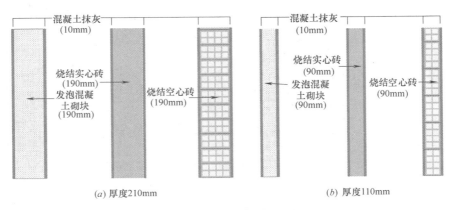

(a) 厚度210mm　　　　　　　　　　　(b) 厚度110mm

图 7.2-1　3 种典型建筑内墙截面图

及重质实心墙体，基本可以覆盖目前已有的内墙构造方式。需要特别指出：由于灰缝的混凝土和烧结实心砖比较接近，故而为了简化传热模型，墙体内部灰缝在本章研究中忽略不计。

2. 楼板物理模型

图7.2-2给出3种建筑楼板截面示意图。其中，图7.2-2（a）所示的钢筋混凝土楼板是目前我国使用最为普遍的建筑楼板构造形式；图7.2-2（b）在钢筋混凝土楼板中复合15mm的EPS，该种楼板结构在辐射制冷和采暖中较为普遍；图7.2-2（c）在图7.2-2（b）上钢筋混凝土楼板中进行吊顶，该种模式在办公建筑和部分楼层较高的居住建筑中极为常见，属典型顶部装饰。表7.2-1给出内围护结构材料的热物理属性。

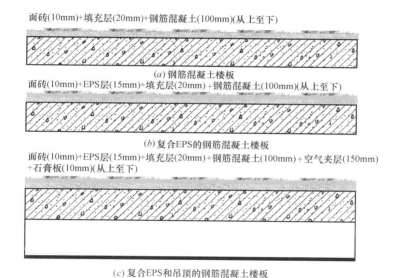

面砖(10mm)+填充层(20mm)+钢筋混凝土(100mm)(从上至下)

(a) 钢筋混凝土楼板

面砖(10mm)+EPS层(15mm)+填充层(20mm)+钢筋混凝土(100mm)(从上至下)

(b) 复合EPS的钢筋混凝土楼板

面砖(10mm)+EPS层(15mm)+填充层(20mm)+钢筋混凝土(100mm)+空气夹层(150mm)+石膏板(10mm)(从上至下)

(c) 复合EPS和吊顶的钢筋混凝土楼板

图7.2-2 3种建筑楼板截面示意图

内围护结构材料的热物理属性   表7.2-1

材料名称	密度（kg/m³）	热容（J/(kg·K)）	导热系数（W/(m·K)）
混凝土抹灰	1406	1050	0.3505
实心烧结砖	1536	523	0.7507
发泡混凝土	330.4	1050	0.1008

续表

材料名称	密度（kg/m³）	热容（J/(kg·K)）	导热系数（W/(m·K)）
EPS 保温	22	1280	0.041
面砖	1900	1050	1.100
钢筋混凝土	2500	840	1.545
楼板填充层	1406	1050	0.3505

7.3　传热模型描述和验证

1. 传热模型描述

对于图 7.2-1 和图 7.2-2 的墙体和楼板模型，传热始终在两个表面之间进行，因此可将三维墙体传热简化为沿着墙体厚度和高度方向的二维传热。同时对数值模拟中作如下基本假设：

（1）烧结空心砖的空腔及吊顶的空心夹层内充满牛顿不可压缩的空气而且流动为层流；

（2）引用 Boussinesq 假设来考虑自然对流效应，同时忽略粘性耗散；

（3）流体在固体壁面上满足无滑移条件。

设 x 和 y 分别为墙体厚度和高度方向以及楼板的长度和厚度方向，对烧结空心砖的空腔和吊顶的空心夹层内空气的非稳态不可压缩层流自然对流换热，描述该问题的控制方程如下：

连续性方程：

$$\frac{\partial u}{\partial x} + \frac{\partial v}{\partial y} = 0 \tag{7.3-1}$$

x 方向动量方程：

$$\frac{\partial u}{\partial t} + u\frac{\partial u}{\partial x} + v\frac{\partial u}{\partial y} = \frac{1}{\rho_{air}}\left[-\frac{\partial p}{\partial x} + \mu_{air}\left(\frac{\partial^2 u}{\partial x^2} + \frac{\partial^2 u}{\partial y^2}\right)\right] \tag{7.3-2}$$

y 方向动量方程：

$$\frac{\partial v}{\partial t} + u\frac{\partial v}{\partial x} + v\frac{\partial v}{\partial y} = \frac{1}{\rho_{air}}\left[-\frac{\partial p}{\partial y} + \mu_{air}\left(\frac{\partial^2 v}{\partial x^2} + \frac{\partial^2 v}{\partial y^2}\right) + (\rho\beta)_{air}g\Delta T\right] \tag{7.3-3}$$

能量方程：

$$\frac{\partial T}{\partial t} + u\frac{\partial T}{\partial x} + v\frac{\partial T}{\partial y} = \frac{\lambda_{air}}{\rho_{air}C_{P,air}}\left(\frac{\partial^2 T}{\partial x^2} + \frac{\partial^2 T}{\partial y^2}\right) + S \tag{7.3-4}$$

根据墙体的能量守恒，墙体固体区域二维瞬态传热能量方程描述如下：

$$\frac{\partial T}{\partial t} = \frac{\partial}{\partial x}\left(\frac{\lambda_s}{\rho_s C_{p,s}}\frac{\partial T}{\partial x}\right) + \frac{\partial}{\partial y}\left(\frac{\lambda_s}{\rho_s C_{p,s}}\frac{\partial T}{\partial y}\right) \tag{7.3-5}$$

内墙边界条件如下：

$$\left.\begin{array}{c} t=0: \quad T=T_0 \\[2mm] T>0\ \&\ x=0: \quad -\lambda\left.\dfrac{\partial T}{\partial x}\right|_{x=0} = h_{in}(T_{in}-T_{L,in}) \\[3mm] T>0\ \&\ x=\delta_1: \quad -\lambda\left.\dfrac{\partial T}{\partial x}\right|_{x=\delta_1} = h_{in}(T_{L,nei}-T_{nei}) \\[3mm] T>0\ \&\ y=0\,or\,H_1 \quad -\lambda\left.\dfrac{\partial T}{\partial x}\right|_{y=0\,or\,H_1} = 0 \end{array}\right\} \tag{7.3-6}$$

楼板边界条件如下：

$$\left.\begin{array}{c} t=0: \quad T=T_0 \\[2mm] T>0\ \&\ y=0: \quad -\lambda\left.\dfrac{\partial T}{\partial x}\right|_{y=0} = h_{in}(T_{in}-T_{L,in}) \\[3mm] T>0\ \&\ y=\delta_2: \quad -\lambda\left.\dfrac{\partial T}{\partial x}\right|_{y=\delta_2} = h_{in}(T_{L,nei}-T_{nei}) \\[3mm] T>0\ \&\ x=0\,or\,H_2 \quad -\lambda\left.\dfrac{\partial T}{\partial x}\right|_{y=0\,or\,H_2} = 0 \end{array}\right\} \tag{7.3-7}$$

其中：h_{in} 为内墙或楼板内表面对流换热系数，取 $8.7W/(m^2 \cdot K)$；T_{in} 和 T_{nei} 分别表示本室和邻室的气温，℃；$T_{L,in}$ 和 $T_{L,nei}$ 分别表示内墙或楼板在本室和邻室表面温度，℃；δ_1 和 δ_2 分别为墙体和楼板模型的厚度，m；H_1 和 H_2 分别为墙体模型高度和楼板模型的长度，m；T 为墙体温度，℃；t 代表传热时间，s；ρ 表示材料密度，kg/m^3；C_p 表示材料的热容，$J/(kg \cdot K)$；λ 表示材料导热系数，$W/(m \cdot K)$；其中：S 为辐射源项，采用 Do 辐射模型；g 为重力加速度，取 $9.8m/s^2$。

2. 数值算法描述

在我们的研究中，基于有限体积法和 SIMPLER 算法求解非稳态边界条件（7.3-6）和（7.3-7）下的控制方程（7.3-1）～（7.3-5），其中时间项采用全隐格式进行离散，对流项和扩散项分别采用 QUICK 格式和二阶中心差分格式进行离散，所有离散代数方程采用 TQMA 方法进行计算。当在利用编制的非稳态数值计算程序来求解控制方程时，设定一定的时间步长，在每一时间步内，满足如下迭代收敛准则时，即可认为该时间步长的求解过程达到收敛，推进到下一时层继续进行计算。

$$\frac{\sum_{i,j}|T_{i,j,k}^{n+1}-T_{i,j}^{n}|}{\sum_{i,j}|T_{i,j,k}^{n+1}|}\leqslant 10^{-5} \tag{7.3-8}$$

3. 传热模型验证

为了验证计算程序的准确性和可靠性，本章采用模拟值和理论值对比的方式进行。假定内围护结构两侧气温分别为 19℃ 和 −19℃，对流换热系数均为 8.7W/(m²·K)，并基于数值模拟的结果计算墙体的热阻，并与规范[143]中热电类比法所计算出的理论值进行对比。表 7.3-1 是墙体热阻的模拟值和理论值对比，可以看出：模拟值和理论值计算结果基本完全重合，表明数值模拟算法具有较高的准确性，采用该算法处理本文所研究问题具备较高的准确性。

墙体热阻的模拟值和理论值对比　　　　　　表 7.3-1

墙体	冷室墙面温度(℃)	热室墙面温度(℃)	热流值(W/m²)	热阻(m²·K/W) 模拟值	理论值
220mm 空心砖墙	−13.131	13.131	51.293	0.512	0.514
220mm 实心砖墙	−10.741	10.741	7.382	2.910	2.990
220mm 发泡混凝土墙	−16.988	16.988	11.596	2.930	1.941
110mm 空心砖墙	−10.912	10.912	68.200	0.320	0.310
110mm 实心砖墙	−8.263	8.263	96.081	0.172	0.176
110mm 发泡混凝土墙	−15.299	15.299	32.551	0.940	0.949

7.4　数值模拟结果及分析

本节的模拟边界条件为如图 7.1-2 所示的 8 类本室和邻室室内气温的变化情况，内墙采用如图 7.2-1 所示的物理模型，相关材料的属性见表 7.2-1。空气的相关热物理属性如下：$\rho_{air}=1.225kg/m^3$，$C_{p,air}=1006.43J/(kg·K)$，$\lambda_{air}=0.242W/(m·K)$，$\mu_{air}=1.789\times10^{-5}W/(m·K)$，内围护结构表面对流换热系数均为 8.7W/(m²·K)，空心砖内壁发射率为 0.85，重力加速度为 9.8m/s²。

1. 邻室空调间歇运行工况的影响

为了分析邻室空调运行工况，对本室内墙表面热响应速率的影响时，空调间歇工况考虑如图 7.1-2 所示的 8 种空调间歇模式。图 7.4-1 给出了不同空调间歇运行工况时，本室内墙表面温度响应情况。可以看出：不同的邻室空调间歇模式对本室内墙表面的温度波动的影响较大。当邻室空调不运行时，内围护结构变成"准外围护结构"，故本室空调运行时，墙体内表面温度动态影响速率最低，温度值最高；而当邻室空调连续运行时，

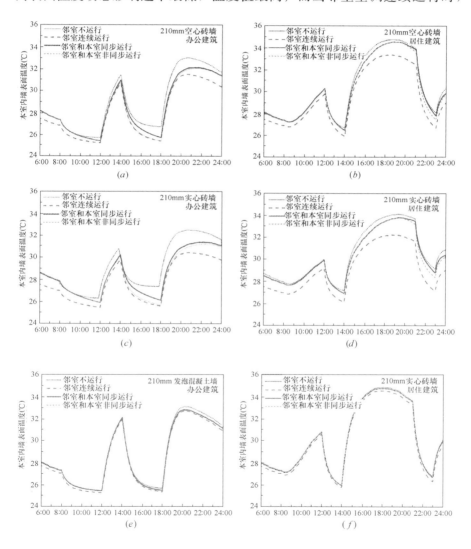

图 7.4-1 不同空调间歇运行工况时，本室内墙表面温度响应情况

情况恰好相反，受邻室空调间连续运行的影响，内墙温度较低，本室空调开启时，墙体内表面温度很快达到稳定。

当本室和邻室的空调同步运行时，内墙两侧空调同时开启，在空调运行初期，墙体两侧面同时蓄冷且互不干扰，因此，本室侧墙内表面温度波动与邻室空调不运行时类似；但随着空调运行时间延长，墙体两侧蓄冷同时深入且相互促进，此时本室侧墙内表面温度值要低于邻室空调不运行时的侧墙内表面温度值，但仍然高于邻室空调连续运行时的侧墙内表面温度值。

当本室和邻室的空调非同步运行，对于办公建筑，邻室空调按8：00～18：00的间歇运行，而本室空调按8：00～12：00和14：00～18：00的间歇运行。在8：00～12：00的空调运行时间段，空调非同步和同步运行墙体内表面温度波动一致；而在14：00～18：00空调运行时段，邻室空调已经连续运行6h，近似认为连续运行，内表面温度波动情况与空调连续运行一致；而对于居住建筑，邻室按7：00～8：00，12：00～14：00以及19：00～21：00间歇运行，本室空调按12：00～14：00和21：00～23：00的间歇运行。由于邻室7：00～8：00的空调运行时段较短且与下个空调运行时段的间隔较长，因此在12：00～14：00的空调运行时段，空调非同步和同步运行墙体内表面温度波动一致；而在21：00～23：00的间歇运行时段，邻室的19：00～21：00空调运行时段使得内墙邻室蓄冷量接近饱和，进而提高了本室侧墙内表面温度速率。

图7.4-2给出了不同邻室空调间歇运行工况时，空调运行时段内，本室内墙表面热流响应情况。空调运行时段内，本室侧墙表面热流可近似认为内墙所形成的空调负荷。可以看出：不同邻室空调运行模式对本室表面热流变化的影响显著，在整个空调运行时段，热流曲线始终处于上升趋势，表明了内墙一直处于蓄冷状态。当邻室空调不运行时，内围护结构变成"准外围护结构"，本室侧墙内表面热流值较大；而当邻室空调连续运行时，情况恰好相反，邻室气温一直低于或等于本室，不存在冷量由本室传入邻室的情况，且受邻室空调间连续运行影响，内墙蓄冷量较高，因此邻室空调连续运行时，本室热流值最小。

当本室和邻室的空调同步运行时，在空调运行初期，墙体两侧面同时蓄冷且互不干扰，此时，本室侧墙内表面热流波动与邻室空调不运行时类似；但随着空调运行时间延长，墙体两侧蓄冷逐步深入且相互促进，此时本室侧墙内表面热流值要低于邻室空调不运行时的侧墙内表面热流值，但

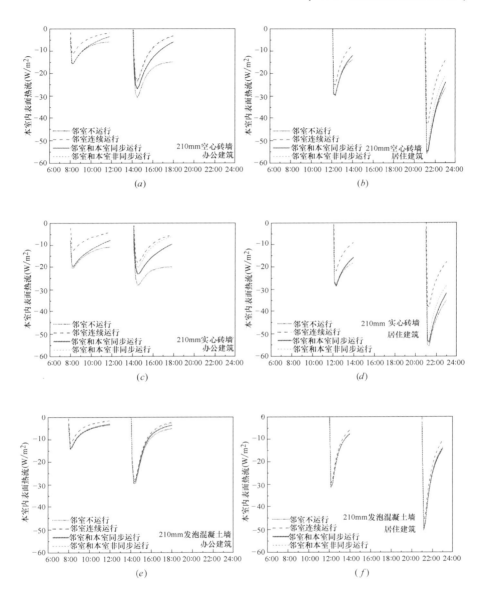

图 7.4-2 不同邻室空调间歇运行工况时，空调运行时段内，
本室内墙表面热流响应情况

仍然高于邻室空调连续运行时的侧墙内表面热流值。

当空调非同步运行时，对于办公建筑，邻室空调按 8：00～18：00 的间歇运行，而本室空调按 8：00～12：00 和 14：00～18：00 的间歇运行。因此在 8：00～12：00 的空调运行时段，空调非同步和同步运行墙体内表面热流波动一致；而在 14：00～18：00 空调运行时段，邻室空调已经连续运行 6 个小时，可近似认为连续运行，此时内表面热流波动情况与空调连续运行一致；而对于居住建筑，邻室按 7：00～8：00、12：00～14：00 以及 19：00～21：00 间歇运行，本室空调按 12：00～14：00 和 21：00～23：00 的间歇运行。由于邻室 7：00～8：00 的空调运行时段可近似忽略，在 12：00～14：00 的空调运行时段，空调非同步和同步运行墙体内表面温度波动一致；而在 21：00～23：00 的间歇运行时段，邻室的 19：00～21：00 空调运行时段使得内墙邻室蓄冷量接近饱和，进而降低了本室侧墙内表面热流值。

2. 内墙保温构造的影响

为了分析内墙构造的影响时，考虑 210mm 的空心砖墙、实心砖墙及发泡混凝土墙三类墙体构造。图 7.4-3 给出了不同内墙构造时，本室内墙表面温度响应情况。可以看出：内墙构造对本室墙体内表面温度变化速率的影响较大，其中发泡混凝土墙的动态热响应速率最快，温度值最低；其次是空心墙；实心砖墙体温度响应速度最慢，温度最高。主要有以下两个方面原因：（1）发泡混凝土蓄热能力弱，温变速率快；（2）发泡混凝土导热系数小，热阻较大，更易集中在内墙外侧层。而对邻室空调间歇模式对比可以发现：邻室空调不运行时，三种不同构造的内表面温度差异最大；其次为邻室和本室空调同步或非同步间歇运行；再次为邻室空调连续运行；以上对比表明对于空调启闭频繁的房间，高热响应速率轻质内围护结构优势更加明显。

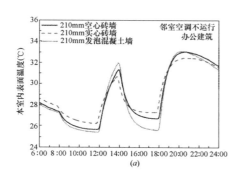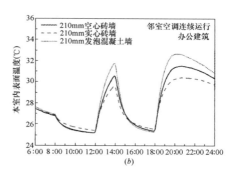

图 7.4-3 不同墙体结构时，本室内墙表面温度响应情况（一）

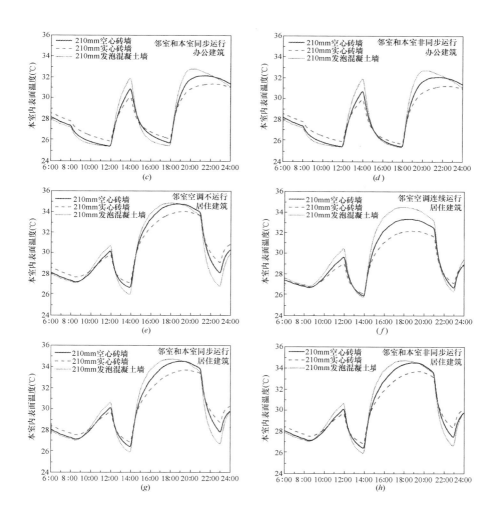

图 7.4-3 不同墙体结构时，本室内墙表面温度响应情况（二）

图 7.4-4 给出了不同内墙结构时，本室内墙表面热流变化情况。可以看出：内墙构造对本室墙体内表面热流值的影响较大，发泡混凝土墙的热流动态热响应速率最大，热流值最低；其次是空心墙；实心砖墙响应速度最慢。而邻室空调间歇模式对比可以发现：邻室空调不运行时，发泡混凝土墙的优势最为明显；其次为邻室和本室空调同步或非同步间歇运行。

115

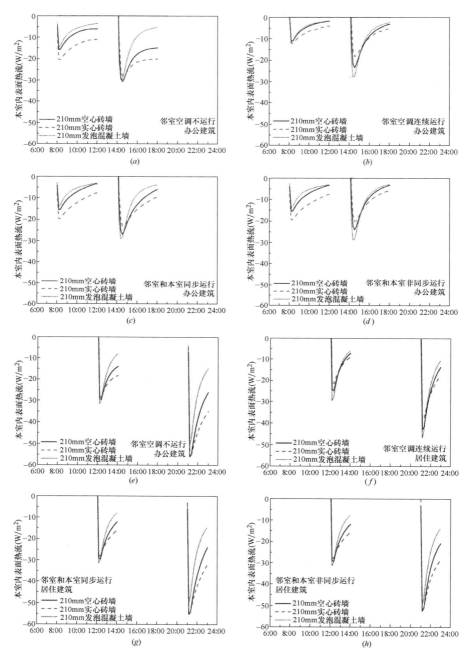

图 7.4-4　不同内墙结构时，本室内墙表面热流变化情况

116

3. 内墙厚度的影响

为了分析内墙厚度的影响时，考虑如图 7.2-1 所示的 210mm 和 110mm 两种厚度，该两种厚度是目前办公建筑和居住建筑中最常见的。图 7.4-5 给出了不同内墙厚度时，本室内墙表面温度变化情况。可以看出，内墙厚度对内表面温度存在一定的影响，其影响规律与墙体属性无关，但与邻室空调运行模式有关。当邻室空调不运行时，内墙越厚，内表面温度越低，有利于提高空调间歇运行时，墙体内表面温度响应速率。

而当邻室空调连续运行或本室和邻室异步运行时，内墙越厚，内表面温度越高，反而不利于提高空调间歇运行时，墙体内表面温度响应速率；其原因是：当邻室空调不运行时，内墙相当于"准外墙"，较厚的墙体热阻较大，有利于提高空调间歇运行时，墙体内表面温度响应速率。

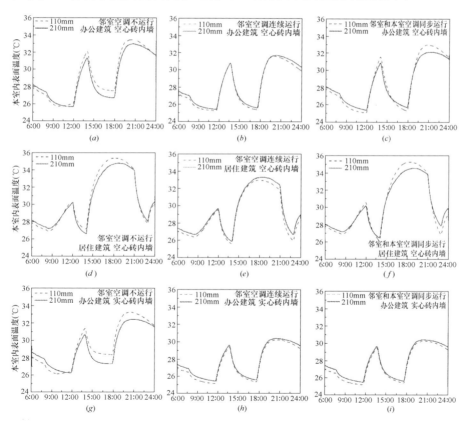

图 7.4-5　不同内墙厚度时，本室内墙表面温度变化情况（一）

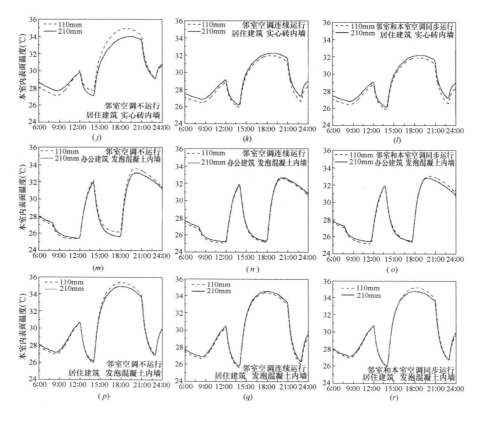

图 7.4-5　不同内墙厚度时，本室内墙表面温度变化情况（二）

　　而当邻室空调连续运行或本室和邻室同步运行时，邻室环境相当于空调环境，因此，相对较薄的内墙反而有利于邻室冷量的传入，有利于提高空调间歇运行时，墙体内表面温度响应速率。而对空心砖墙、实心砖墙和发泡混凝土墙的对比发现：210mm 厚和 110mm 厚的实心砖墙温差最大；其次是空心砖墙；而对于 210mm 厚和 110mm 厚的发泡混凝土墙，墙体内表面温度几乎没有差异，表明当空调间歇运行时，对于低热惰性和低导热系数的内墙，厚度对墙体表面的热响应速率影响较低。

　　图 7.4-6 给出了不同内墙厚度时，空调运行时段内，本室墙体表面热流变化情况。可以看出：不同内墙厚度时，空调运行时段内表面热流变化有所差异。从邻室空调运行方式对比发现：当邻室空调不运行时，110mm 厚的内墙热流值要明显高于 210mm，尤其是空调运行时间较长

时；而当邻室空调连续运行，情况恰好相反，110mm 厚的内墙热流值要略微低于 210mm。

当本室和邻室同步运行时，空调运行前半时段，110mm 厚的内墙热流值较低；而空调运行后半时段，210mm 厚的内墙热流值略低。而对空心砖墙、实心砖墙和发泡混凝土墙的对比发现：210mm 厚和 110mm 厚的实心砖表面热流值差异最大；其次是空心砖墙；再次为发泡混凝土墙。其主要原因在于发泡混凝土墙的蓄热能力远弱于实心砖墙和空心砖墙，发泡混凝土的厚度增加所引起热流的增加量明显小于实心砖墙和空心砖墙；另一方面，发泡混凝土导热系数较小，即使厚度为 110mm，仍然具有良好的保温性能。

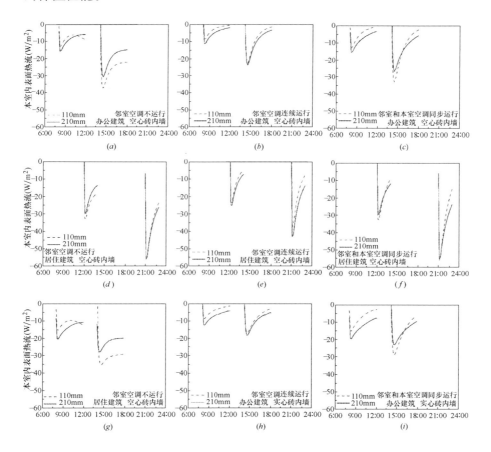

图 7.4-6　不同内墙厚度时，空调运行时段内，本室内墙表面热流变化情况（一）

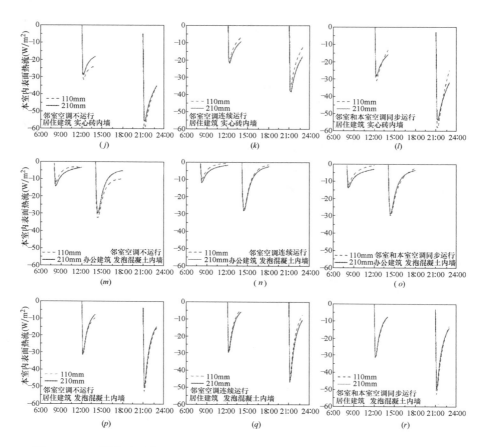

图 7.4-6 不同内墙厚度时，空调运行时段内，本室内墙表面热流变化情况（二）

4. 内墙形成的空调负荷定性分析

图 7.4-7 给出了不同邻室空间运行模型时，空调启动时，内墙形成的空调日负荷的统计情况。可以看出：在相同的内墙厚度和构造时，邻室空调不运行时，内墙形成空调日负荷最大；其次是邻室和本室空调同步运行和非同步运行；邻室空调连续运行时，内墙形成空调日负荷最小。需要特别指出：空调同步运行和非同步运行时负荷高低取决于邻室和本室空调间歇运行的相对关系。而本章的研究间歇模型中，办公建筑邻室采用 8：00～18：00 持续运行，而本室采用 8：00～12：00 和 14：00～18：00 的间歇运行，因此邻室中午时段的空调运行，有利于本室空调间歇运行时内墙所形成负荷的降低，见图 7.4-1 （*a*）、（*c*）和（*e*）。

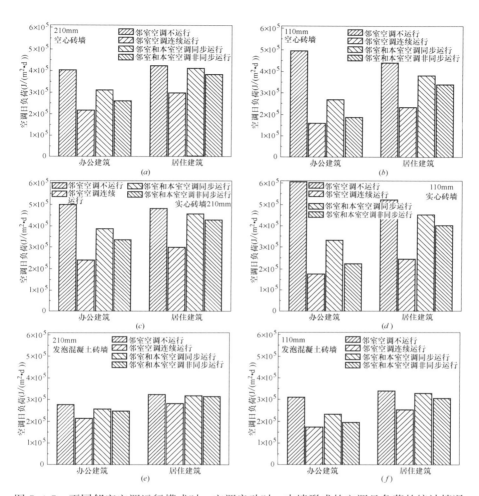

图 7.4-7 不同邻室空调运行模式时，空调启动时，内墙形成的空调日负荷的统计情况

而居住建筑邻室采用 12：00～14：00 和 19：00～21：00 的间歇模式，而本室采用 12：00～14：00 和 21：00～23：00 的间歇运行，邻室在 18：00～21：00 的空调运行时段，有利于本室的 21：00～23：00 运行时段内墙所形成负荷的降低，见图 7.4-1 (b)、(d) 和 (f)；故而，当邻室和本室空调非同步运行时，空调日负荷要低于其同步运行；同时，可以推论若以邻室为研究房间，本室则变为邻室，此时邻室的空调间歇运行促进作用减弱，对于该种空调非同步运行情况更偏向于邻室空调不运行，此时，邻室和本室空调非同步运行时，空调日负荷要高于其同步运行。

图 7.4-8 给出了不同内墙构造和厚度时，内墙形成空调日负荷的统计情况。可以看出：在相同的邻室空调间歇运行时，不同构造或厚度时空调日负荷差异显著，其中实心砖墙形成的空调日负荷最高；其次是空心砖墙体；再次为发泡混凝土墙体。当邻室空调不运行时，3 类墙体形成的空调日负荷的差异最大；而邻室空调连续运行时，3 类墙体形成的空调日负荷的差异最小。

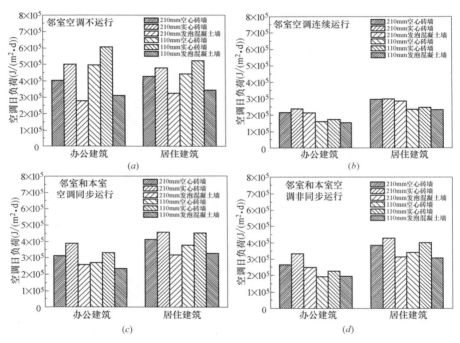

图 7.4-8　不同内墙构造和厚度时，内墙形成空调日负荷的统计情况

此外，对于 210mm 和 110mm 的内墙对比发现：当邻室空调不运行时，内墙变为准外墙，因此厚度越大，热阻越大，内墙形成的空调日负荷越小，而其他三种邻室空调间歇运行条件下，邻室的空调运行均会不同程度地降低本室侧墙内墙形成的空调日负荷。数据分析表明：当邻室空调不运行时，210mm 厚内墙形成的空调日负荷比 110mm 厚内墙低 5%～19%；当邻室空调连续运行时，210mm 厚内墙形成的空调日负荷比110mm 厚内墙高 10%～38%；当邻室和本室空调同步运行时，210mm 厚内墙形成的空调日负荷比 110mm 厚内墙高 1%～18%；当邻室和本室空调非同步运行时，210mm 厚内墙形成的空调日负荷比 110mm 厚内墙高

2%～50%。

7.5 楼板动态热响应特性的模拟结果

本节的模拟边界条件为如图 7.1-2 所示的 8 类本室和邻室的气温的变化情况，楼板采用如图 7.2-1 所示的物理模型，相关材料的属性见表 6.1-1。空气的相关热物理属性如下：$\rho_{air}=1.225kg/m^3$，$C_{p,air}=1006.43J/(kg \cdot K)$；$\lambda_{air}=0.242W/(m \cdot K)$；$\mu_{air}=1.789 \times 10^{-5} W/(m \cdot K)$，楼板内表面对流换热系数均为 $8.7W/(m^2 \cdot K)$；重力加速度为 $9.8m/s^2$。需要特别说明：对于一个局部房间，楼板分为顶板和地板，而对于同一栋建筑，标准层的顶板和地板的构造基本相同，邻室即为楼上房间或者楼下房间。

1. 本室地板表面动态热响应特性

图 7.5-1 给出了不同地板构造时，本室地板表面温度变化情况。可以看出，在钢筋混凝土楼板中复合 EPS 层时，本室楼板表面温度热响应速率明显提高；而在已复合 EPS 的钢筋混凝土楼板中再复合吊顶时，本室楼板表面温度热响应速率无明显变化。该现象原因是：空调间歇运行时，靠近本室楼板层属性尤为重要，在钢筋混凝土楼板中复合 EPS 层时，EPS 的低导热系数可以降低冷量向邻室传递，更多冷量蓄存在地板表面，因此温度响应速率增大；同时 EPS 的低蓄热能力可快速降低 EPS 层和近表面楼板层的温度，进而提高楼板本室内表面热响应速率；但在地板中复合吊顶时，吊顶在邻室侧，因此对楼板本室内表面温度热响应速率无明显提高。

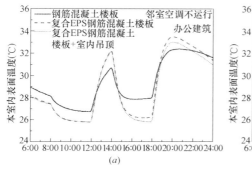
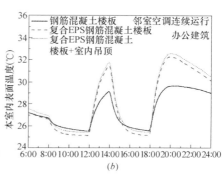

图 7.5-1 不同地板构造时，本室地板表面温度变化情况（一）

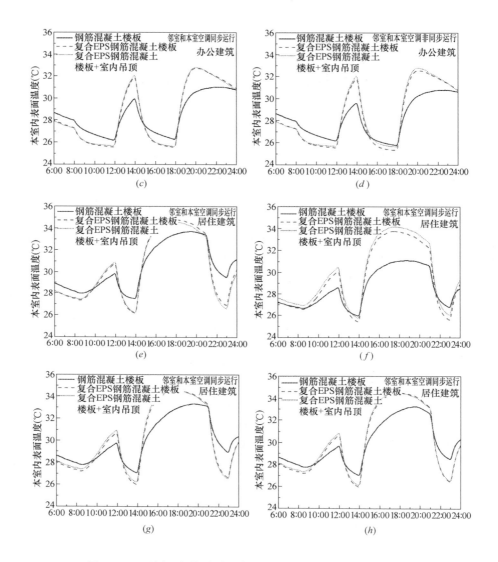

图 7.5-1 不同地板构造时，本室地板表面温度变化情况（二）

图 7.5-2 给出了不同地板构造时，空调运行时段内，本室楼板表面热流变化情况。可以看出：在钢筋混凝土楼板中复合 EPS 层时，本室空调运行时段内表面热流值要明显降低，即由地板形成的空调负荷明显降低；而在已复合 EPS 的钢筋混凝土楼板中再复合吊顶时，本室内楼板表面热流值无明显变化，甚至在邻室空调连续运行，邻室和本室空调同步或非同

步运行等 3 种情况时，复合吊顶反而略微提高本室楼板表面热流值。该现象的原因在于：空调间歇运行时，在钢筋混凝土楼板中复合 EPS 层时，EPS 的低导热系数可以降低冷量向邻室传递，同时低蓄热能力可快速降低 EPS 层和近表面楼板的温度，进而降低本室空气和地板间的换热强度。但在地板复合吊顶时，吊顶在邻室侧，因此对楼板本室内表面层的蓄放热影响较小；另一方面，吊顶会降低邻室空调运行对本室动态热响应促进作

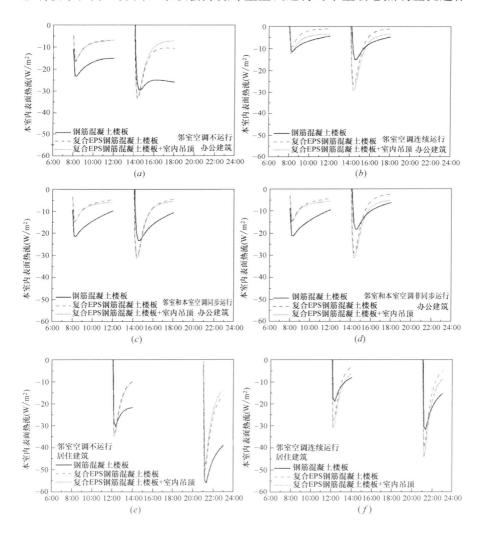

图 7.5-2　不同地板构造时，空调运行时段内，本室地板表面热流变化情况（一）

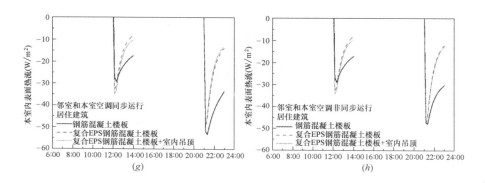

图 7.5-2　不同地板构造时，空调运行时段内，本室地板表面热流变化情况（二）

用，故而在邻室空调连续运行，邻室和本室空调同步或非同步运行等 3 种情况时，复合吊顶反而略微提高本室内表面热流值响应速率。综上所述，对于地板而言，在本室复合 EPS 可以显著提高地板的热响应速率，降低地板形成的空调负荷；而地板邻室侧的吊顶对地板的影响基本可以忽略。

图 7.5-3 给出了不同地板构造时，地板形成的空调日负荷统计情况。可以看出：在钢筋混凝土楼板中复合 EPS 层时，地板形成的空调日负荷明显降低，与钢筋混凝土楼板相比，地板形成的空调日负荷平均值降低了 32.9%；而在已复合 EPS 的钢筋混凝土楼板中再复合吊顶时，仅在邻室空调不运行时，空调日负荷有所降低；而在其他 3 种空调运行条件时，空调日负荷反而增加，与复合 EPS 钢筋混凝土楼板相比，地板形成的空调日负荷平均值提高了 7.5%。

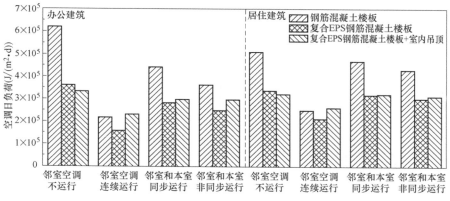

图 7.5-3　不同地板构造时，地板形成的空调日负荷统计情况

2. 本室顶板表面热响应特性

图 7.5-4 给出了不同顶板构造时，本室顶板表面温度变化情况。可以看出：在钢筋混凝土楼板中复合 EPS 层时，本室顶板表面温度热响应速率并未像地板（图 7.5-1）一样明显增加。而邻室空调不运行及邻室和本室空调同步运行时，复合 EPS 层一定程度的提高本室内表面温度响应速率；而邻室空调连续运行及邻室和本室空调非同步运行时，复合 EPS 层反而降低了本室内表面温度响应速率；而在已复合 EPS 的钢筋混凝土楼板中再复合吊顶时，无论邻室空调如何运行，本室顶板表面温度热响应速率明显提高。以上分析表明：在顶板的邻室侧复合 EPS 并不能达到提高本室顶板表面温度热响应速率，而在顶板的本室复合吊顶对于提高本室顶板表面温度热响应速率效果显著。其原因是：空调间歇运行时，墙体蓄冷和释冷均在靠近本室侧，因此在邻室复合 EPS 层还不能达到提高本室内表面温度热响应速率效果。而在本室复合吊顶时，吊顶空气层和隔板的蓄热性能较低，动态热响应速率较快，故而可以快速提升本室顶板表面温度热响应速率。

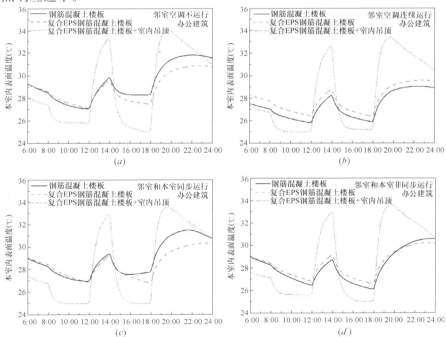

图 7.5-4 不同顶板构造时，本室顶板表面温度变化情况（一）

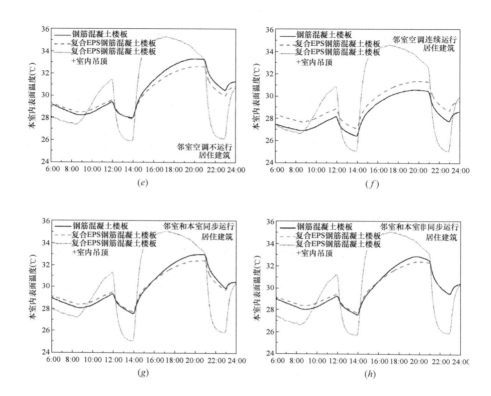

图 7.5-4 不同顶板构造时，本室顶板表面温度变化情况（二）

图 7.5-5 给出了不同顶板构造时，在空调运行时段内，本室顶板表面热流变化情况。可以看出：在钢筋混凝土楼板中复合 EPS 层时，仅邻室空调不运行以及邻室和本室空调同步时，可以小幅度的降低本室顶板表面热流值；而邻室空调连续运行以及邻室和本室空调非同步运行时，复合 EPS 层反而增加本室顶板表面热流值；而在已复合 EPS 的钢筋混凝土楼板中再复合吊顶时，无论邻室空调如何运行，本室顶板表面热流值要显著地降低。其原因是：空调间歇运行时，蓄冷量很难达到顶板的外侧，因此，在邻室侧复合 EPS 很难达到降低空调运行时段内表面热流值；而尽管吊顶的空气层存在对流以及与本室空气存在一定的质交换，但是空气层仍然能具有较好的隔热效果，故而复合吊顶可以显著地降低空调运行时段内表面热流值。

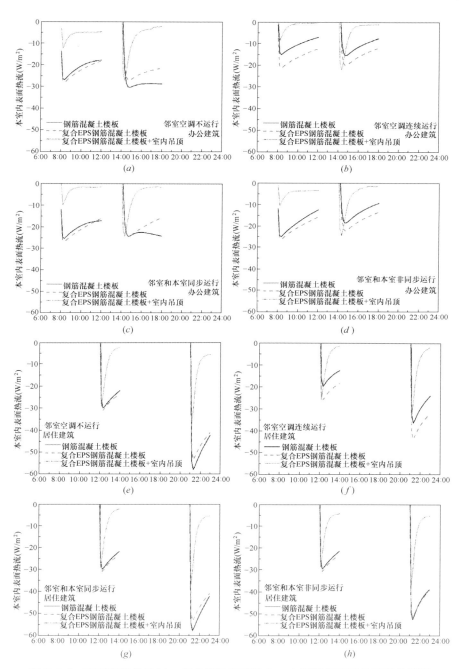

图 7.5-5　不同顶板构造时，在空调运行时段内，本室顶板表面热流变化情况

图 7.5-6 给出了不同顶板构造时，顶板形成的空调日负荷统计情况。可以看出：在钢筋混凝土楼板中复合 EPS 层时，仅当邻室空调不运行或邻室和本室空调同步运行时，可以降低顶板形成的空调日负荷，而当邻室空调连续运行或邻室和本室空调非同步运行时，反而提高了顶板形成的空调日负荷。但在钢筋混凝土楼板中复合吊顶时，顶板形成的空调日负荷统计情况明显降低，与其他 2 种楼板相比，顶板形成的平均空调日负荷分别降低了 69.8％和 71.4％。以上尽管基于局部空间划分方法，将楼板划分为地板和顶板两种情况分析，而本室地板又是邻室顶板，同时本室顶板又是另一个邻室地板。从房间的动态热响应角度讲，在楼板的上部复合EPS 时，作为地板时提高楼板动态热响应效果显著，而作为顶板时基本无效果，该规律与第 4 章的空调间歇运行时，内保温和外保温的影响规律一致：作为地板时，楼板的上部复合 EPS 相当于内保温，故而热响应效率明显提高；而作为顶板时，楼板的上部复合 EPS 相当于外保温，故而热响应速率无明显变化；而在楼板的下部吊顶时，作为顶板时提高楼板动态热响应效果显著，而作为地板时基本无效果。因此，必须综合考虑地板既作为顶板，又作为地板，同时进行优化；另一方面，关于空调间歇运行时，楼板的动态热响应优化可结合家庭装饰同时进行，如架空木地板可替代本节所研究提出的 EPS 层，顶板复合 EPS 或保温性较好的涂料层也可以提高顶板的动态热响应速率。可结合第 3 章的理论推导进行合理楼板配置。

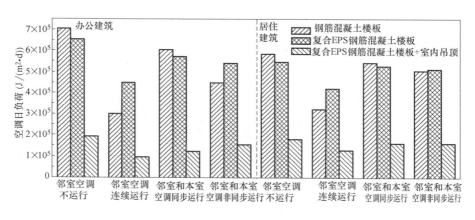

图 7.5-6　不同顶板构造时，顶板形成的空调日负荷统计情况

7.6 空调间歇运行时邻室漏热现象分析

对于空调间歇运行时，研究对象是典型房间，而本室和邻室必然存在一定的热交换，这样的热交换被称为邻室漏热（邻室"偷"热）。为了分析这一有趣的现象，本节对比研究了本室和邻室空调均不运行，以及邻室空调间歇运行、本室空调不运行两种最为极端的空调运行工况，分析空调间歇运行时，邻室漏热对本室墙体表面温度的影响以及邻室漏热可传到本室的热流值高低。本节仅研究图 7.2-1 所示的 210mm 的 3 种墙体。

图 7.6-1 给出了以上两种极端工况时，邻室侧墙内表面温度（左）和热流（右）的变化曲线。可以看出：邻室空调间歇运行时，本室内墙表面温度和热流曲线均要低于邻室空调不运行时，表明邻室空调是否运行对本室墙体表面温度和热流的确存在影响，表明空调间歇运行时，邻室漏热现象的确存在。

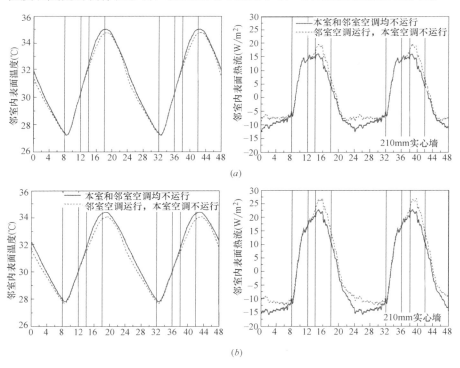

图 7.6-1 邻室侧墙表面温度（左）和热流（右）的变化曲线（一）

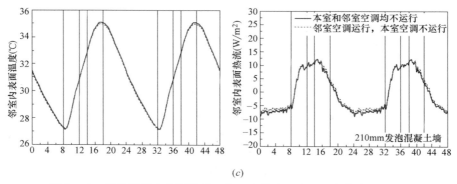

(c)

图 7.6-1　邻室侧墙内表面温度（左）和热流（右）的变化曲线（二）

由如图 7.6-1（a）所示的空心砖内墙表面的温度和热流变化曲线可以看出：尽管邻室空调在 8：00～12：00 和 14：00～18：00 的时段开启，但是受内墙热惰性影响，在 18：00 及 24：00 左右，本室内墙表面观察到明显温降，该两次温度降低使得邻室内墙热流曲线降低。

不同墙体结构对比发现：发泡混凝土砖内墙，邻室空调引起的邻室表面温度降低值和热流变化的较低，两条曲线基本重合，其次是空心砖内墙，再次为实心砖内墙。3 种内墙的最大温度降低值分别为 0.499℃、0.566℃ 和 0.115℃，最大热流差分别为 4.34W/m² 、4.95W/m² 和 1.09W/m² 。以上研究表明：空调间歇运行时，邻室漏热现象的确存在，但是邻室漏热对本室内热环境影响可以近似忽略，且邻室漏热传到本室的热量非常少，较多冷量以蓄冷形式蓄存在内墙中。

7.7　本章小结

本章利用数值模拟研究了空调间歇运行时，建筑内围护结构动态热响应特性以及探索适宜于空调间歇运行的内围护结构构造方式，得到以下的结论：

（1）邻室空调运行工况对本室内墙表面动态热响应影响较大。邻室空调连续运行时，本室内墙表面响应温度最低，热流值最小；其次是邻室和本室空调同步运行或非同步运行；而在邻室空调不运行时，本室内墙表面响应温度最高，热流值最大。

（2）空调间歇运行时，低蓄热性能的内围护结构构造更有利于建筑节能，尤其是建筑内空调间歇频率较高或空调运行时间较短时；与实心砖墙相比，空心砖墙和发泡混凝土墙的空调日负荷可降低 12.7％和 26.1％。

（3）当邻室热环境有利于提高本室内墙表面热响应速率时，内墙较薄时有利；反之，内墙较厚时有利。

（4）当 EPS 复合在楼板上表面时，作为地板时提高楼板动态热响应效果显著，而作为顶板时基本无效果；而在楼板的下部吊顶时，作为顶板时提高楼板动态热响应效果显著，而作为地板时基本无效果。在钢筋混凝土楼板上部复合 EPS 和下部吊顶时，与钢筋混凝土楼板相比，作为地板时形成空调日负荷降低 25.4％，作为楼板时形成空调日负荷降低 69.8％。

（5）当空调间歇运行时，邻室漏热现象的确存在，但是邻室漏热对本室内热环境影响可以近似忽略，且邻室漏热可传到本室的热量非常少，较多冷量以蓄冷形式蓄存在内墙中。

第8章　典型房间空调负荷的
构成特性综合分析

本章研究的主要目的是：综合分析空调间歇运行时，典型房间空调负荷的构成特性以及探索空调间歇运行时，建筑围护结构的节能设计重点。首先，定性地分析空调连续和间歇运行时典型房间的瞬时负荷变化规律，揭示空调间歇运行时典型房间的空调负荷构成特性；其次，建立空调间歇运行时典型房间模型以及外侧热环境的组合工况；最后，结合第5章和第7章的内外围护结构的物理模型和相关数据，探讨典型房间围护结构形成空调负荷特性，并在分析空调连续运行节能设计弊端的基础上，提出空调间歇运行时，建筑围护结构节能设计重点。

8.1　房间瞬时负荷变化规律定性分析

1. 房间瞬时负荷变化特性

空调房间瞬时负荷是指为了维持室内温湿度恒定，空调设备在单位时间内必须自室内取走的热量，即在单位时间内必须向室内空气提供的冷量。但是当空调间歇运行时，室内气温变化远比空调连续运行剧烈，图8.1-1给出了空调间歇运行时，室内瞬时气温变化情况示意图。根据空调是否运行，空调间歇运行可分为间歇期和运行期；根据室内气温变化特性，又可将运行期可分为温变期和恒温期。需要特别指出：图8.1-1是基于空调运行模式3的室内气温变化情况，而空调运行时间较短时，整个运行期可能均为温变期。在间歇期内，室内热环境主要受到外环境影响，室内温度剧烈变化且远偏离空调设定温度，从而造成室内空气、围护结构、家具设备等具有一定的蓄热。在空调运行期内，欲使室内空气恢复至设定温度时，需要除去因偏离设定温度的室内空气蓄热量以及家具设备和墙体的部分蓄热量，而这些除去的蓄热量所形成的负荷是空调连续运行时不存在的，空调连续运行负荷势必与空调间歇运行存在一定的差异性。此外，即使室内空气降低至设定温度时，但是由于墙体或部分家具设备的热惰性远高于空气，在恒温期内，墙体和家具设备仍然存在大量蓄热量需要除去，而因除去该部分蓄热量而形成的负荷在空调连续运行也不存在。

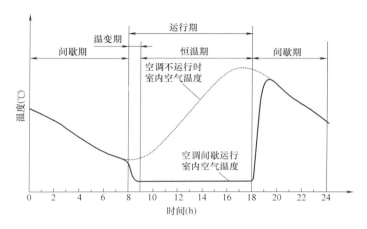

图 8.1-1 空调间歇运行时，室内瞬时气温变化情况示意图

图 8.1-2 给出了空调连续和间歇运行时，瞬时负荷变化情况示意图。可以看出：在空调运行期内，根据负荷构成特点将空调运行时间分为预冷期、蓄冷期和正常运行期。在预冷期内，空调间歇运行的负荷主要用于除去室内空气及部分家具因偏离设定温度的蓄热量，该部分负荷被称为预冷负荷（或"拉下负荷"）。在蓄冷期内，室内气温已达到设定

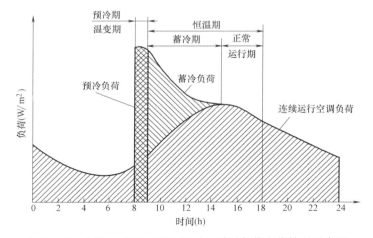

图 8.1-2 空调连续和间歇运行时，瞬时负荷变化情况示意图

温度，除提供空调连续运行所需负荷外，还存在一定的降低围护结构和部分家具温度的蓄冷负荷。在空调正常运行期时，无论室内空气还是墙体、家具形成的空调负荷均与空调连续运行负荷一致，此时，空调间歇运行负荷和连续运行负荷基本一致。

需要特别指出：当空调运行时间较短时，整个空调运行期内可能仅有预冷期或者预冷期和蓄冷期。另一方面，图 8.1-2 中未涉及内围护结构传热问题，而对于空调间歇运行时，分户（室）墙两侧房间空调间歇模式可能存在差异，因此会导致围护结构传热形成瞬时负荷，这已在第 7 章进行了分析。

2. 房间瞬时负荷构成特性

当空调连续运行时，房间负荷主要为非透光外围护结构得热，透光外围护结构导热和日射得热，空气渗透得热，人体散热，设备散热，照明设备散热等方面形成的空调负荷以及新风负荷。而当空调间歇运行时，不仅需要考虑以上几个方面的负荷构成，而且还需要增加空调间歇运行特有的负荷，如下所示：

（1）室内空气和部分家具设备的预冷负荷；

（2）非透光外围护结构的蓄冷负荷；

（3）内围护结构传热形成的负荷。

3. 房间瞬时负荷构成时间特性

当空调间歇运行时，空调房间需要经历预冷期、蓄冷期和正常运行期三个阶段，每个时间段的负荷构成差异明显。

（1）预冷期负荷构成特性

室内空气由自然温度逐渐降低为设计温度，房间负荷主要为室内空气的预冷负荷以及家具和墙体的部分蓄冷负荷。由于室内气温降低、室内外温差的增加，部分空调负荷（如非透明围护结构的导热，空气渗透得热形成的负荷）逐渐增大。

（2）蓄冷期负荷构成特性

室内气温已为设计温度，但由于高热惰性的围护结构或家具的温变速率低于空气，墙体温度还远高于室内气温，需要一定的蓄冷量才能达到饱和。除此之外，其他负荷与空调连续运行基本一致。

（3）空调正常运行期负荷构成特性

建筑室内空气已为设计温度且墙体蓄冷也达到饱和，与空调连续运行相比，空调间歇运行的额外负荷主要为建筑内围护结构传热形成的负荷。

4. 房间瞬态负荷构成成分逐项辨析

表 8.1-1 给出空调连续和间歇运行时，房间的空调负荷构成成分定性分析结果（不考虑湿负荷）。以空调连续运行为基准，在空调间歇运行各区间内，对形成房间负荷的各构成成分进行了一定辨析。

空调连续和间歇运行时，房间的空调负荷构成成分定性分析结果

表 8.1-1

序号	负荷构成部分		空调连续运行	空调间歇运行		
				预冷期	蓄冷期	正常运行期
1	非透光	外围护结构传热	√	>	>	=
		内围护结构传热	×	>	>	≥
2	透光	围护结构导热	√	<	=	=
		围护结构辐射	√	≈	≈	=
3	空气渗透得热		√	<	=	=
4	人体散热		√	<	<	=
5	设备散热		√	<	<	=
6	照明设备散热		√	<	<	=
7	新风负荷		√	=	=	=
8	室内空气预冷		×	>	×	×
9	家具设备预冷		×	>	>	×

注：√表示存在；×表示不存在；>表示空调间歇运行时该部分负荷高于空调连续运行负荷；<表示空调间歇运行时该部分负荷低于空调连续运行负荷；=表示空调间歇运行时该部分负荷与空调连续运行负荷完全相等；≈表示空调间歇运行时该部分负荷与空调连续运行负荷基本相等。

（1）非透光外围护结构的传热形成的负荷

在空调停止运行的间歇期内，室内气温波动显著且偏离空调设定温度，致使外围护结构存在一定的蓄热量。在预冷期和蓄冷期内，随着室内气温的降低，蓄热量逐渐释放形成一定的蓄冷负荷。因此在预冷期和蓄冷期内，空调间歇运行的该部分负荷要显著高于空调连续运行负荷。在空调正常运行期内，负荷完全相同。

（2）非透光内围护结构的传热形成的负荷

与非透光外围护结构的传热形成的负荷一样，内围护结构同样存在蓄冷负荷。不仅如此，当空调间歇运行时，内墙两侧房间间歇模式不一定存在内墙传热形成的负荷。而当空调连续运行时，内围护结构两侧房间室内气温相同，不形成空调负荷。

（3）透光围护结构的导热形成的负荷

透光围护结构的热容较小，热惰性可以被忽略，传热可以看做稳态导热。预冷期内室内空气由自然温度降为设计温度，此时传热量由最小值逐渐增大至与空调连续运行时一致，因此在预冷期内，该部分负荷要略低于空调连续运行。其他时期内，完全相同。

（4）透光围护结构的太阳辐射形成的负荷

通过透光围护结构的太阳辐射得热量主要受玻璃属性和遮阳的影响，而该部分得热要通过房间内表面的吸收、反射后，再与室内空气对流换热形成房间负荷。该部分负荷与空调连续运行基本一致。

（5）空气渗透形成的负荷

空气渗透得热量可以直接转化为房间负荷，负荷大小仅与室内外空气的比焓差值有关。在预冷期内，室内空气逐渐减小至设定温度时，室内外空气的比焓值差也逐渐增大至与空调连续一致，因此在预冷期内，空调间歇运行时该部分负荷要略低于空调连续运行时的负荷。其他时期内，完全相同。

（6）人体散热、设备散热、照明设备散热形成的负荷

该三个部分形成的得热主要通过辐射和对流进行，在预冷期内，室内气温和内表面温度偏高，对流换热和辐射传热的能力均较小；而在蓄冷期内，虽室内气温已降为设计温度，墙体内表面温度也有一定的降幅，但是仍高于空调连续运行的内表面温度，因此在蓄冷期内，对流换热量与空调连续运行基本一致，但辐射传热要小于空调连续运行。故对于该三个部分负荷，在预冷期内要显著低于空调连续运行；在蓄冷期内要略低于空调连续运行。

（7）室内空气和家具设备预冷负荷

对于空调连续运行时，室内气温恒定，不存在室内空气和家具设备的预冷负荷存在。而对于空调间歇运行时，气温逐渐降低为设定值，形成一定的预冷负荷。同时家具设备随着气温降低也形成一定的预冷负荷，但是家具设备的热惰性大于空气，因此家具设备预冷负荷在蓄冷期时也有部分存在。

8.2　典型研究房间的建立

　　当空调连续运行时，以整个建筑作为研究单元，构成建筑的单元房间室内空气以及内围护结构的温度看作恒定的空调设计温度。然而，当空调间歇运行时，空调是否开启，空调开启温度的高低以及是何种运行工况受许多因素的制约，如是否有人存在，舒适度的需求如何等。因此，当空调间歇运行时，每个房间的局部空间内热环境的个性化较为明显。故而空调间歇运行时，空间研究对象必须是局部空间。基于以上的分析，本章研究建立如图 8.2-1 所示的三个建筑房间，以建筑房间为对象代替局部空间进行研究。

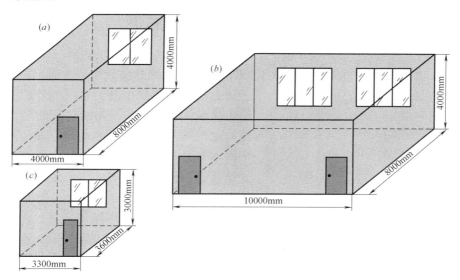

图 8.2-1　三个建筑房间：（a）办公建筑办公室；（b）办公建筑会议室；
（c）居住建筑卧室

　　图 8.2-1（a）和（b）为典型办公建筑办公室和会议室，楼层高 4m，面积分别为 32m^2 和 80m^2，门面积为 3m^2；图 8.2-1（c）为典型居住建筑卧室，楼层高 3m，面积为 11.88m^2，门面积为 2.4m^2；窗户朝向均为南向，窗户占南外墙的面积比均为 30%。尽管目前建筑外观千差万别，内部房间却大同小异，因此本章采用如图 8.2-1 所示给出的三个建筑房间模

型基本上具备了空调间歇运行时局部空间的所有特征。表 8.2-1 给出了典型房间各非透明围护结构的面积和占比。

典型房间各非透明围护结构的面积和占比   表 8.2-1

房间		外墙		内墙		地板		顶板	
		面积	占比	面积	占比	面积	占比	面积	占比
双外墙	图 8.3a	31.12m²	25.92%	36.16m²	30.11%	26.40m²	21.99%	26.40m²	21.99%
	图 8.3b	34.04m²	21.87%	41.60m²	26.73%	40.00m²	25.70%	40.00m²	25.70%
	图 8.3c	42.48m²	16.33%	57.60m²	22.15%	80.00m²	30.76%	80.00m²	30.76%
单外墙	图 8.3a	5.52m²	4.60%	61.76m²	51.43%	26.40m²	21.99%	26.40m²	21.99%
	图 8.3b	8.44m²	5.42%	67.20m²	43.18%	40.00m²	25.70%	40.00m²	25.70%
	图 8.3c	16.88m²	6.49%	83.20m²	31.99%	80.00m²	30.76%	80.00m²	30.76%

8.3　典型房间的围护结构模型描述

本章的研究外围护结构采用如图 8.3-1 所示的外墙截面示意图，其中外保温墙是目前使用最为广泛的外围护结构保温体系，是空调连续运行时最典型的建筑外围护结构节能设计方式。而依据本书第 5 章的研究结论，内保温墙是适宜空调间歇运行的外围护结构保温体系。

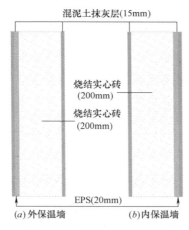

图 8.3-1　外墙截面示意图

本章研究内墙采用如图 8.3-2 所示的建筑内墙截面示意图，其中 210mm 烧结空心砖墙是目前使用最为广泛的内墙构造，而依据本书第 7 章的研究结论，发泡混凝土墙是比较适宜空调间歇运行时的内墙构造，并考虑 110mm 和 210mm 的两种厚度。就房间局部空间而言，内围护结构还包括房间楼板和顶板；而就整个建筑而言，地板和顶板在建筑构造是同一体，因此将地板和楼板的构造视作一样，本章研究楼板采用如图 8.3-3 所示楼板截面示意图，其中钢筋混凝土楼板是目前使用最为广泛的楼板构造，而依据第 7 章的研究结论，对钢筋混凝土楼板进行优化，提出了如图 8.3-3（b）所示的适宜空调间歇运行的复合 EPS 和吊顶钢筋混凝土楼板。表 8.3-1 给出了典型房间围护结构所使用材料的物理属性。

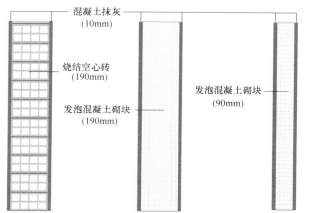

(a) 210mm烧结空心砖墙 (b) 210mm发泡混凝土墙 (c) 110mm发泡混凝土墙

图 8.3-2　建筑内墙截面示意图

面砖(10mm)+填充层(20mm)+钢筋混凝土(100mm)(从上至下)

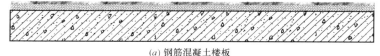

(a) 钢筋混凝土楼板

面砖(10mm)+EPS层(15mm)+填充层(20mm)+钢筋混凝土(100mm)+空气夹层(150mm)
+石膏板(10mm)(从上至下)

(b) 复合EPS和吊顶钢筋混凝土楼板

图 8.3-3　楼板截面示意图

典型房间围护结构所使用材料的物理属性　　　　表 8.3-1

材料名称	密度(kg/m³)	热容(J/(kg·K))	导热系数(W/(m·K))
混凝土抹灰	1406	1050	0.3505
烧结实心砖	1536	523	0.7507

材料名称	密度(kg/m³)	热容(J/(kg·K))	导热系数(W/(m·K))
EPS 保温层	22	1280	0.041
轻质自保砖	330.4	1050	0.29171
重质自保砖	980	1200	0.29171
发泡混凝土	330.4	1050	0.1008
面砖	1900	1050	1.100
钢筋混凝土	2500	840	1.545

　　根据以上建筑围护结构的描述，如图 8.2-1 所示的典型房间就存在 32 种围护结构的组合形式，若考虑办公建筑分室墙和走道墙以及居住建筑分户墙和分室墙的差异性，则存在更多的围护结构组合方式。若全部计算这些围护结构组合方式，不但难以分析空调间歇运行节能的重点，而且工作繁琐，缺乏一定的指导性；故而本章提出如表 8.3-2 所示的典型房间的围护结构组合形式。其中，围护结构组合形式 1 是目前我国建筑围护结构最为常见的组合形式，完全依靠空调连续运行时的节能设计。

典型房间的围护结构组合形式　　　　　　表 8.3-2

形式	外墙	内墙	楼板
1	外保温墙体	210mm 空心砖墙	现浇混凝土楼板
2	内保温墙体	210mm 空心砖墙	现浇混凝土楼板
3	内保温墙体	210mm 发泡混凝土墙	现浇混凝土楼板
4	内保温墙体	210mm 发泡混凝土墙	加设 EPS 和吊顶现浇混凝土楼板
5	内保温墙体	210mm 和 110mm 发泡混凝土墙	加设 EPS 和吊顶现浇混凝土楼板

　　依据第 5 章的研究结论，对组合形式 1 的外墙构造进行改变，提出组合形式 2；依据第 7 章的研究结论，对组合形式 2 的内墙进行改变，提出组合形式 3，并对组合形式 3 的楼板进行改变，提出组合形式 4，同时考虑墙体厚度的差异性的影响，提出了组合形式 5。这些围护结构组合形式层层递进，不仅深层次地揭示了空调间歇模式下围护结构优化的特性，而且研究结果体现更为直接。

8.4　围护结构外侧热环境描述

　　以建筑典型房间为局部空间的研究对象时，房间的四面墙和上下楼板均成为建筑房间的"准外围护结构",因此围护结构外侧热环境对房间围护结构形成的空调负荷影响显著。

表 8.4-1 给出了办公室和会议室围护结构外侧的热环境。工况（8：00～12：00/14：00～18：00）。东墙考虑外墙和内墙两种工况，若为外墙时，其外侧为室外热环境；当为内墙时，考虑室内自然热环境，空调连续运行，与本室空调同步运行以及与本室空调非同步运行等 4 种热环境工况；南墙为外墙，其外环境即为室外热环境；而南墙所对着的北墙为靠近走廊内墙，外侧即为室内自然环境；而西墙、顶板和地板的外侧考虑室内自然环境，空调连续运行，与本室空调同步运行以及与本室空调非同步运行等 4 种工况热环境。

表 8.4-2 给出了卧室围护结构外侧的热环境工况（12：00～14：00/21：00～23：00）。除了运行工况的时间和北墙外侧热环境设计工况有所差异外，卧室的围护结构外侧热环境设计工况与办公室基本一致。

办公室和会议室围护结构外侧的热环境工况（8：00～12：00/14：00～18：00）

表 8.4-1

位置	邻室热环境
东墙	1. 室外自然热环境；2. 室内自然热环境；3. 空调连续运行；4. 空调同步运行热环境（8：00～12：00,14：00～18：00）；5. 空调非同步运行热环境（8：00～18：00）
南墙	室外自然热环境
西墙	1. 室内自然热环境；2. 空调连续运行；3. 空调同步运行热环境（8：00～12：00,14：00～18：00）；4. 空调非同步运行热环境（8：00～18：00）
北墙	室内自然热环境(空调不运行)
顶板	1. 室内自然热环境；2. 空调连续运行；3. 空调同步运行热环境（8：00～12：00,14：00～18：00）；4. 空调非同步运行热环境（8：00～18：00）
地板	1. 室内自然热环境；2. 空调连续运行；3. 空调同步运行热环境（8：00～12：00,14：00～18：00）；4. 空调非同步运行热环境（8：00～18：00）

卧室围护结构外侧的热环境工况（12：00～14：00/21：00～23：00）

表 8.4-2

位置	邻室热环境
东墙	1. 室外自然热环境；2. 室内自然热环境；3. 空调连续运行；4. 空调同步运行热环境（12：00～14：00,21：00～23：00）；5. 空调非同步运行热环境（7：00～8：00,12：00～14：00,18：00～21：00）

续表

位置	邻室热环境
南墙	室外自然热环境
西墙	1. 室内自然热环境；2. 空调连续运行；3. 空调同步运行热环境（12：00～14：00, 21：00～23：00）；4. 空调非同步运行的热环境（7：00～8：00, 12：00～14：00, 19：00～21：00）
北墙	1. 室内自然热环境；2. 空调连续运行；3. 空调同步运行热环境（12：00～14：00, 21：00～23：00）；4. 空调非同步运行热环境（7：00～8：00, 12：00～14：00, 19：00～21：00）
顶板	1. 室内自然热环境；2. 空调连续运行；3. 空调同步运行热环境（12：00～14：00, 21：00～23：00）；4. 空调非同步运行热环境（7：00～8：00, 12：00～14：00, 19：00～21：00）
地板	1. 室内自然热环境；2. 空调连续运行；3. 空调同步运行热环境（12：00～14：00, 21：00～23：00）；4. 空调非同步运行热环境（7：00～8：00, 12：00～14：00, 19：00～21：00）

　　图 8.4-1 和图 8.4-2 分别给出了在自然条件下，室内外气温和室外太阳辐射随时间变化情况以及 4 种典型空调间歇运行模式时，室内气温变化情况。办公建筑的办公室和会议室的室内气温按模式 4 设定；居住建筑卧室的室内气温按模式 2 设定；外围护结构的外侧热环境考虑如图 8.4-1 所示的室外气温和太阳辐射强度；内围护结构的邻室侧根据空调间歇模式设定，空调不运行时如图 8.4-1 所示的室内气温设定；连续运行时室内气温设定为 25℃；邻室空调同步运行时，办公和居住建筑邻室热环境按模式 4 和 2 设定；邻室空调非同步运行时，办公和居住建筑邻室热环境按模式 3 和 1 设定。

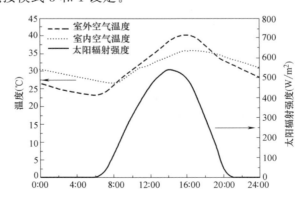

图 8.4-1　在自然条件下，室内外气温和室外太阳辐射随时间变化情况

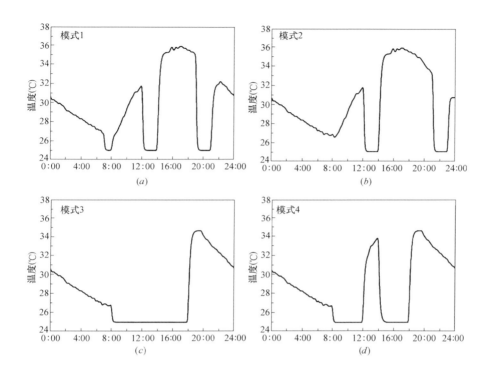

图 8.4-2　4 种典型空调间歇运行模式时，室内气温变化情况

8.5　围护结构形成的空调日负荷分析

　　房间一般由四面墙体和两层楼板组成，本节首先对单围护结构形成的空调日负荷进行分析；其次，考虑典型房间的尺寸以及围护结构组合等因素，综合分析单面和双面外墙的典型房间围护结构所形成的空调日负荷差异性。

1. 单围护结构

　　表 8.5-1 分别给出了办公建筑和居住建筑外墙形成的空调日负荷统计表。其中，办公建筑的室内空调采用间歇模式 4，居住建筑的室内采用间歇模式 2。可以看出：当外墙由外保温变为内保温时，办公建筑和居住建筑外墙形成的空调日负荷分别降低 25.9％和 16.8％。

外墙形成的空调日负荷统计表　　　　　　表 8.5-1

建筑类型	外墙结构	空调日负荷（J/m²）
办公建筑	外保温墙	614331
	内保温墙	454703
居住建筑	外保温墙	529182
	内保温墙	439865

表 8.5-2 给出了办公建筑和居住建筑内墙形成的空调日负荷统计表。其中，办公建筑的室内空调采用间歇模式 4，居住建筑的室内采用间歇模式 2。可以看出：当内墙由 210mm 空心砖墙变为 210mm 发泡混凝土时，办公建筑和居住建筑内墙形成的空调日负荷分别降低 16.5％和 18.4％。而对于部分内墙厚度由 210mm 降低为 110mm 时，办公建筑和居住建筑内墙形成的空调日负荷又分别降低 11.2％和 3.7％。

内墙形成的空调日负荷统计表　　　　　　表 8.5-2

建筑类型	内墙结构	空调日负荷（J/m²）			
		自然工况	连续运行	同步运行	非同步运行
办公建筑	210mm 空心砖墙	403152	215257	312867	263313
	210mm 发泡混凝土墙	277566	213982	256883	248805
	110mm 发泡混凝土墙	310700	176227	234941	195895
居住建筑	210mm 空心砖墙	426281	294839	412548	384499
	210mm 发泡混凝土墙	323330	282439	317805	314796
	110mm 发泡混凝土墙	341970	252628	309650	306450

表 8.5-3 分别给出了办公建筑和居住建筑楼板形成的空调日负荷统计表。其中，办公建筑的室内空调采用间歇模式 4，居住建筑的室内空调采用间歇模式 2。可以看出：当钢筋混凝土楼板变成复合 EPS 和吊顶钢筋混凝土楼板时，作为地板，办公建筑和居住建筑的楼板形成的空调日负荷分别降低 29.4％和 26.1％。作为顶板时，办公建筑和居住建筑的楼板形成的空调日负荷分别降低 72.3％和 67.3％。

楼板形成的空调日负荷统计表　　　　　　表 8.5-3

建筑类型	楼板结构	空调日负荷（J/m²）			
		自然工况	连续运行	同步运行	非同步运行
办公建筑 地板	钢筋混凝土楼板	620948	216269	443256	364359
	复合 EPS 和吊顶钢筋混凝土楼板	333232	231143	297880	297880

建筑类型	楼板结构	空调日负荷(J/m²)			
		自然工况	连续运行	同步运行	非同步运行
居住建筑 地板	钢筋混凝土楼板	508163	248314	469058	428736
	复合 EPS 和吊顶钢筋混凝土楼板	321937	262946	322962	314293
办公建筑 顶板	钢筋混凝土楼板	704461	300113	604291	448551
	复合 EPS 和吊顶钢筋混凝土楼板	193606	96298	124890	155628
居住建筑 顶板	钢筋混凝土楼板	583792	324091	544487	504386
	复合 EPS 和吊顶钢筋混凝土楼板	183367	129686	162301	164126

2. 双外墙房间

为了分析典型房间围护结构形成的空调负荷特性分析，首先我们考虑典型房间具有两面外墙，即东（或西）墙和南墙，办公建筑靠近走廊的内墙按邻室空调不运行进行计算，其他 3 个邻室考虑 4 个空调运行工况，共有 64 个工况。而居住建筑中，4 个邻室均考虑 4 个空调运行工况，共有 256 个工况。

图 8.5-1～图 8.5-3 分别给出了 5 种围护结构组合时，办公室（图 8.2-1a）、会议室（图 8.2-1b）和卧室（图 8.2-1c）的围护结构形成的空调日负荷统计情况。可以看出：在 5 种围护结构组合方式中，组合方式 1～3 的不同邻室运行工况房间日负荷差异最大，以邻室空调连续运行时围护结构形成的空调日负荷最低，以邻室空调不运行时围护结构形成的空调负荷最高，3 个房间的平均相对差值分别为 62%、78% 和 45%，该差异的产生原因在于邻室空调运行模式不同。表明：邻室空调的运行工况对典型房间围护结构形成的空调负荷的影响较大。当楼板为复合 EPS 和吊顶的钢筋混凝土楼板时，房间日负荷的相对差值仅为 12%～20% 左右，表明：按空调连续运行设计的节能建筑，空调间歇运行时受邻室热环境影响显著，日负荷差异明显，而按空调间歇运行设计围护结构时，邻室传热引起的日负荷差异明显降低，同时保证了典型房间耗能稳定性，降低了邻室空调运行模式的干扰，该点对邻室空调运行工况变化较大或经常性不运行的本室房间至关重要。另一方面也表明了内围护结构动态热响应性能在空调间歇运行中负荷构成的重要性。

本节所研究的 5 种围护结构的组合方式中形式 1 是目前最为常见的，也是空调连续运行时最典型的围护结构节能设计方式，然而根据空调间歇

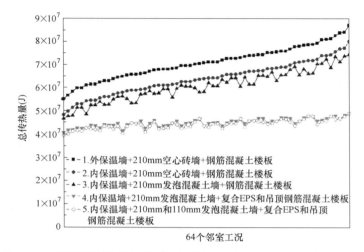

图 8.5-1　不同围护结构组合时，办公室（图 8.2-1a）围护结构形成的
空调日负荷统计情况

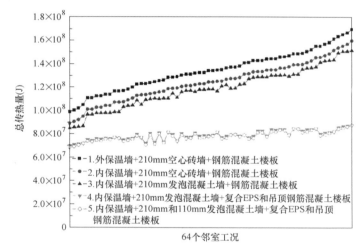

图 8.5-2　不同围护结构组合时，会议室（图 8.2-1b）围护结构形成的
空调日负荷统计情况

运行实际情况，对围护结构进行优化，房间围护结构形成的日负荷逐渐降
低；房间围护结构组合形式 3 到形式 4 时，房间日负荷曲线降低最多；其
次是组合形式 1 到形式 2；再次是组合形式 2 到形式 3。表明：在现浇混
凝土楼板加设 EPS 层和吊顶对围护结构对房间日负荷减少率最高；其次

是将外保温变为内保温；再次是内围护结构的改造。表明：按空调连续运行设计的建筑围护结构并不适用于空调间歇运行，仍然存在较大节能潜力，并未真正达到建筑节能效益最优化的目的。考虑空调间歇运行的实际情况，对围护结构进行优化，尤其是内围护结构形成的空调日负荷显著地降低。

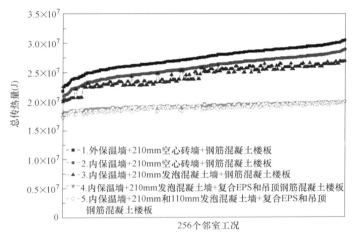

图 8.5-3 不同围护结构组合时，卧室（图 8.2-1c）围护结构形成的
空调日负荷统计情况

表 8.5-4～表 8.5-6 分别给出了 5 种围护结构组合时，办公室（图 8.2-1a）、会议室（图 8.2-1b）和卧室（图 8.2-1c）的围护结构形成的空调日负荷及其构成比例的统计情况。由表可知：尽管空调连续运行时围护结构组合形式 1 最为典型，但是，空调间歇运行时外墙形成的空调负荷仅为 22%～45%，而内围护结构形成空调平均负荷却高达 55%～78%，尤其是楼板，占整个围护结构为此的空调负荷的 29%～55%；表明："轻内围护结构，重外围护结构"的空调连续运行的节能设计策略并不适于空调间歇运行。另一方面，以围护结构组合形式 1 为基准，当围护结构变为组合形式 5 时，围护结构形成的空调日负荷的总降低率为 30%～42%，其中楼板的贡献率值达到 19%～29%，外墙的贡献率值达到 5%～10%，内墙的贡献率值达到 5%～6%。表明：对于按空调连续运行设计的节能建筑，当空调间歇运行时，其还存在较大的节能潜力。表明：以空调连续运行为基准的建筑节能设计策略，不能够满足空调间歇运行的节能需求，必须要实事求是，根据空调间歇运行特点，对建筑围护结构进行合理的优化

设计。

办公室（图 8.2-1*a*）围护结构形成的空调日负荷及其构成比例的统计表

表 8.5-4

组合形式	空调日负荷（×10⁷J）	空调负荷的构成比例				日负荷的降低率
		外墙/44.2m²	内墙/45m²	顶板/32m²	地板/32m²	
1	7.10	37.79%	20.97%	22.94%	18.30%	0.00%
2	6.41	31.06%	23.27%	25.41%	20.26%	9.72%
3	6.08	32.70%	19.27%	26.72%	21.30%	14.24%
4	4.51	43.65%	25.72%	10.07%	20.55%	36.48%
5	4.42	44.57%	24.16%	10.28%	20.98%	37.74%

会议室（图 8.2-1*b*）围护结构形成的空调日负荷及其构成比例的统计表

表 8.5-5

组合形式	空调日负荷（×10⁷J）	空调负荷的构成比例				日负荷的降低率
		外墙/60m²	内墙/66m²	顶板/80m²	地板/80m²	
1	13.42	27.94%	17.60%	30.30%	24.15%	0.00%
2	12.46	22.33%	19.01%	32.64%	26.02%	7.14%
3	11.87	23.47%	14.98%	34.25%	27.30%	11.50%
4	7.93	34.50%	22.01%	14.29%	29.20%	40.89%
5	7.84	34.90%	21.10%	14.46%	29.54%	41.56%

卧室（图 8.2-1*c*）围护结构形成的空调日负荷及其构成比例的统计表

表 8.5-6

组合形式	空调日负荷（×10⁷J）	空调负荷的构成比例				日负荷的降低率
		外墙/17.7m²	内墙/19.1m²	顶板/11.9m²	地板/11.9m²	
1	2.74	34.43%	26.54%	21.16%	17.86%	0.00%
2	2.58	30.39%	28.19%	22.46%	18.96%	5.78%
3	2.45	32.05%	24.30%	23.67%	19.98%	10.67%
4	1.93	40.53%	30.73%	9.87%	18.87%	29.68%
5	1.90	41.01%	29.91%	9.99%	19.09%	30.48%

3. 单外墙房间

　　尽管双外墙的典型房间在建筑中墙角处极为常见，但是更多的房间仅有单面外墙，尤其是联排办公建筑。因此，本章考虑典型房间仅具备一面外墙，即南墙；而对办公建筑靠近走廊的内墙仍按邻室空调不运行进行计算，其他邻室考虑 4 个工况，详见表 8.3-2；门和窗的传热量本章不进行计算。

图 8.5-4～图 8.5-6 分别给出了 5 种围护结构组合时，办公室（图 8.2-1a）、会议室（图 8.2-1b）和卧室（图 8.2-1c）的围护结构形成的空调日负荷的统计情况。可以看出：在典型房间的 5 种围护结构组合方式中，组合方式 1～3 的不同邻室运行工况房间围护结构形成的空调日负荷差异最大，以邻室空调连续运行时围护结构形成的空调日负荷最低，以邻室空调不运行时围护结构形成的空调负荷最高，三个房间的平均相对差值分别为 86%、91% 和 50%。

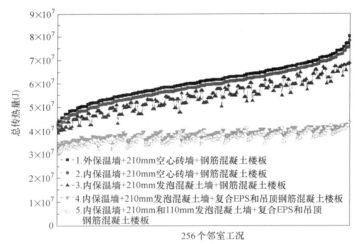

图 8.5-4　5 种围护结构组合时，办公室（图 8.2-1a）围护结构形成的
空调日负荷统计情况

与双外墙房间相比，单面外墙房间的内围护结构形成的空调日负荷差值明显升高，其原因在于单面外墙的典型房间，内围护结构的面积比明显高于双面外墙的房间，表明对于更具普遍性的单外墙房间，邻室空调运行模式的影响更为明显。当楼板变为复合 EPS 和吊顶的钢筋混凝土楼板时（组合形式 4），房间围护结构形成的空调日负荷相对差值仅为 16%～35%。

另一方面，可以看出：围护结构组合形式 3 到形式 4 时，空调日负荷曲线降低最多；其次是组合形式 2 到形式 3；再次是组合形式 1 到形式 2。表明：现浇混凝土楼板加设 EPS 层对负荷减少率最高；其次是建筑内墙的改造；再次是外保温变为内保温。与双面外墙房间相比，单面外墙房间的外围护结构在建筑节能中地位更低，相应的内围护结构的地位明显上升，说明了对于空调间歇运行时，建筑围护结构的节能策略与空调连续运行时具有本质上的区别。

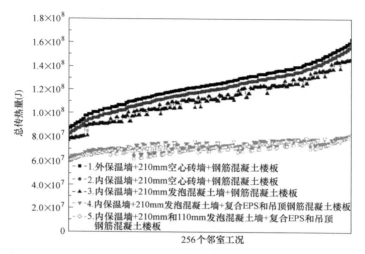

图 8.5-5　5 种围护结构组合时，会议室（图 8.2-1b）围护结构形成的
空调日负荷统计情况

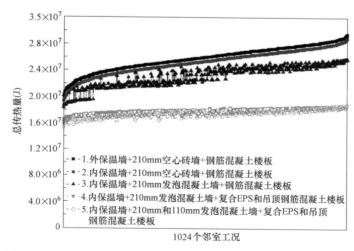

图 8.5-6　5 种围护结构组合时，卧室（图 8.2-1c）围护结构形成的
空调日负荷统计情况

表 8.5-7～表 8.5-9 分别给出了 5 种围护结构组合时，办公室（图 8.2-1a）、会议室（图 8.2-1b）和卧室（图 8.2-1c）的围护结构形成的空调日负荷及其构成比例的统计情况。由表可知：对于按空调连续运行所设计的典型围护结构组合形式 1，当空调间歇运行时，外墙形成空调平均日负荷仅为 8%～18%，而内围护结构形成空调平均负荷却高达 82%～92%。与双外墙房间相比，单外墙房间的内围护结构形成空调日负荷比例明显提高了，再次表明了空调间歇运行时，典型房间围护结构形成的空调负荷主要来源是内围护结构，而空调连续运行时，重外围护结构，基本完全忽视内围护结构的节能设计策略完全不适用于空调间歇运行。此外，以围护结构组合形式 1 为基准，当围护结构变为组合形式 5 时，空调日负荷的总减少率为 32%～43%，其中楼板的贡献率达到 20%～31%，外墙的贡献率达到 2%～4%，内墙的贡献率达到 7%～11%。与双外墙房间相比，单外墙房间的内围护结构改造地位更加显著，其原因在于内围护结的面积比的增加，表明了建筑节能设计时，必须要考虑空调运行模式，化繁为简的空调全部空间、连续运行的节能设计以及对应的规范和验收标准难以满足空调局部空间、间歇运行时的建筑围护结构节能设计要求。

办公室（图 8.2-1a）围护结构形成的空调日负荷及其构成比例的统计表

表 8.5-7

墙体形式	平均传热量（×10⁷J）	空调负荷的构成比例				日负荷的降低率
		外墙/11.2m²	内墙/77m²	顶板/32m²	地板/32m²	
1	6.09	11.48%	40.37%	26.78%	21.36%	0.00%
2	5.91	8.77%	41.63%	27.60%	22.01%	2.94%
3	5.43	9.54%	36.61%	29.97%	23.89%	10.81%
4	3.85	13.26%	50.87%	11.79%	24.07%	36.73%
5	3.67	13.94%	48.38%	12.39%	25.29%	39.69%

会议室（图 8.2-1b）围护结构形成的空调日负荷及其构成比例的统计表

表 8.5-8

墙体形式	平均传热量（×10⁷J）	空调负荷的构成比例				日负荷的降低率
		外墙/28m²	内墙/98m²	顶板/80m²	地板/80m²	
1	12.41	14.15%	26.92%	32.79%	26.14%	0.00%
2	11.96	10.88%	27.97%	34.03%	27.12%	3.60%
3	11.22	11.63%	23.18%	36.28%	28.91%	9.59%
4	7.27	17.57%	35.01%	15.58%	31.84%	41.37%
5	7.09	18.02%	33.33%	15.98%	32.66%	42.83%

卧室（图 8.2-1c）围护结构的空调日负荷及其构成比例的统计表

表 8.5-9

墙体形式	平均传热量（×10⁷J）	空调负荷的构成比例				日负荷的降低率
		外墙(6.9m²)	内墙(29.9m²)	顶板(11.9m²)	地板(11.9m²)	
1	2.58	14.32%	44.19%	22.50%	18.99%	0.00%
2	2.51	12.20%	45.29%	23.06%	19.46%	2.40%
3	2.31	13.30%	40.39%	25.12%	21.19%	10.52%
4	1.78	17.09%	51.90%	10.65%	20.36%	30.73%
5	1.75	17.44%	50.92%	10.87%	20.77%	32.06%

8.6　本章小结

　　本章以典型房间为空调局部空间、间歇运行的研究对象，分析了典型房间的围护结构形成空调负荷的构成特性以及空调间歇运行时，建筑围护结构节能策略。得出以下的结论：

　　（1）与空调连续运行相比，空调间歇运行时需要额外考虑室内空气和部分家具设备的预冷负荷，外围护结构的蓄冷负荷以及内墙传热形成的负荷三方面附加负荷。

　　（2）邻室空调的运行工况对围护结构形成的空调负荷的影响显著，按空调连续运行的节能标准设计的建筑，邻室空调不运行时围护结构形成的空调负荷比邻室空调运行时高出 50%～95%。而通过对内围护结构的优化，尤其是楼板的优化，使得邻室空调引起的房间日负荷差值控制在 15%～40%，降低邻室空调运行工况的影响，保证了局部空间空调运行能耗的稳定性。

　　（3）对于双面外墙的典型房间，空调局部空间间歇运行时，内围护结构在围护结构形成空调负荷比例为 55%～78%。对于单面外墙的典型房间，空调间歇运行时，内围护结构占围护结构形成空调负荷比例为82%～92%。表明：空调间歇运行时，内围护结构形成的空调负荷远大于外围护结构，而空调连续运行时，内围护结构形成的空调负荷完全忽略不计，表明基于空调连续运行的节能设计标准本质上与空调间歇运行不符。

　　（4）对于双面外墙的房间，通过围护结构优化，围护结构形成的空调日负荷降低了 30%～42%。其中，外墙、内墙和楼板的改变对总传热量减少率的贡献量分别为2%~4%、7%~11%以及20%~31%。对于单面外墙的房间，通过围护结构改造，围护结构形成的空调日负荷降低了32%~43%，其中外墙、内墙和楼板的改变对总传热量减少率的贡献量分别为5%~10%、5%~6%以及19%~29%。表明：基于空调连续运行的节能设计建筑，当空调间歇运行时，存在较大节能潜力，并未达到建筑节能效益最优化的目的，内围护结构的改造，尤其楼板改造，房间的负荷明显降低。

（5）空调局部空间间歇运行时，建筑围护结构节能的重点应该是内围护结构的节能设计，尤其是要考虑的空调间歇运行的实际情况，目前化繁为简的全部空间、连续运行的节能设计以及对应的规范或标准的某些条文脱离空调实际运行情况，难以满足空调局部空间、间歇运行时的建筑围护结构节能设计要求。

第9章 结论与展望

本研究通过问卷调查、理论分析、实验研究以及数值模拟分析，对空调间歇运行时，建筑围护结构动态热响应特性进行深入的研究。以下为本研究结论总结。

9.1 结论

（1）建筑内部人员在室率和空间位置变化规律完全符合空调的局部空间、间歇运行的运行规律。居住建筑中客厅和餐厅空调逐时运行呈现"三峰型"的波动特征，主卧室和次卧室空调逐时运行呈现"双峰型"的波动特征。办公建筑空调逐时运行规律也呈现"双峰型"的波动特征。空调日平均运行小时数仅为一日的 4%～30%，为空调间歇运行提供充分条件。

（2）理论推导了任意墙体的温度和热流随室内气温突变时的解析解。当室内气温突变 8h 后，墙体蓄冷负荷占总负荷的比例仍然高达 75.16%。空调间歇运行时，墙体形成的空调负荷主要来源是墙体蓄冷，而非空调连续运行时的墙体内外表面的导热负荷。提出了表征墙体热响应速率的时间常数，理论分析了墙体属性对墙体时间常数的影响规律，并以表征墙体热响应速率的时间常数为因变量，以墙体物性等参数为自变量，得到了墙体内表面温度响应的时间常数的拟合方程。

（3）空调间歇运行时，墙体内层的材料热属性决定了墙体内表面温度和热流影响速率，内保温墙和轻质自保温墙会更适宜于空调间歇运行。内饰面的热物理属性显著影响墙体内表面的温度响应速率，低导热系数内饰面能显著地提高墙体热响应速率，还能降低内表面热流，且对于外保温墙体效果更为显著。低体积比热容的内饰面能显著地提高墙体热响应速率，还能降低内表面热流，且对于内保温墙体效果更为显著。此外，多孔内饰面可更加高效地提高墙体内表面温度响应速率，且对于外保温墙体效果更为显著，但是难以达到减少热流的目的。

（4）邻室空调间歇模式对本室内表面热响应速率的影响较大，当空调

156

间歇运行时，低蓄热性能的内围护结构构造更有利于建筑节能，尤其是建筑内空调间歇频率较高或空调运行时间较短时。

（5）空调间歇运行时，内围护结构形成负荷远高于外围护结构。其中双面外墙房间的内围护结构形成空调负荷占围护结构形成总负荷的55%～78%，而单面外墙房间的内围护结构形成空调负荷仅占围护结构形成总负荷82%～92%。邻室空调的运行工况对典型房间围护结构形成的空调负荷影响显著，按目前节能标准设计的建筑，邻室空调不运行时围护结构形成的空调负荷比空调运行时高出50%～95%。而通过内围护结构的优化，尤其是楼板的优化，邻室空调不同间歇工况引起房间日负荷差异可控制在15%～40%之间。这表明：当局部空间内空调当间歇运行时，建筑围护结构节能的重点应该是内围护结构的节能设计。

（6）以目前的节能标准设计的建筑为基准，通过围护结构优化，尤其是内围护结构的优化，围护结构形成的空调日负荷降低了30%～43%。这表明：当空调间歇运行时，按空调连续性运行设计的节能建筑仍然存在很大的节能潜力。建筑围护结构节能设计必须要考虑空调真实的运行情况，目前基于空调全部空间、连续运行的节能设计以及对应的规范或验收标准的部分条文脱离空调实际运行情况，难以满足空调局部空间、间歇运行时的建筑围护结构节能设计要求。

9.2 展望

本文在空调间歇运行时，对建筑围护结构构造的动态热响应特性进行了一定的探索，但还有许多工作值得进一步深入研究，归纳起来包括：

（1）空调间歇运行时，建筑围护结构构造设计与空调末端的耦合方式研究；

（2）空调间歇运行时，建筑内人员动态舒适度需求分析研究；

（3）基于人体动态舒适度需求，空调启停时间优化，及空调间歇运行自动化控制策略分析研究。

参 考 文 献

[1] 付祥钊，高志明，康侍民，孙爱民，杨迎七. 长江流域建筑节能探讨 [J]. 重庆大学学报，1997，19（5）：78-83.

[2] Visier JC，Bicard C. Pratique de I′intermittence du chauage dans les locaux á occupation discontinue [R]. Cahiers du CSTB，Centre Scientique et Technique du Batiment，Paris. October 1988，part 293，book 2279，1-66.

[3] Bloomfield D. P. ，Fisk D. J. The optimization of intermittent heating for variable efficiency heating systems [J]. Energy and Buildings，1981，3（4）：295-301.

[4] Kim M. S. ，Kim Y. ，Chung K. S. ，Improvement of intermittent central heting system of university building [J]，Energy and Buildings 2010，（42）：83-89.

[5] 王登甲. 间歇采暖太阳能建筑热过程及设计优化研究 [D]. 博士学位论文，西安：西安建筑科技大学，2011.

[6] JGJ 142—2012. 辐射供暖供冷技术规程 [S]. 中国建筑工业出版社，2013.

[7] 电子工业部第十设计研究院. 空气调节设计手册（第二版）[M]. 北京：中国建筑工业出版社，1995.

[8] 江亿. 中国建筑节能年度发展研究报告 [M]. 北京：中国建筑工业出版社，2014.

[9] http：//www. iea. org/ terms and conditions use and copyright/ International Energy Agency. World Energy Outlook 2014.

[10] 清华大学建筑能源研究中心. 中国建筑节能年度研究报告 2015 [M]. 中国建筑工业出版社，2015.

[11] 中国科学院可持续发展战略研究组. 2011 中国可持续发展战略研究报告 [R]. 北京：科学出版社，2011.

[12] 王绍平. 我国的建筑能耗状况 [J]. 山西建筑，33（35）：269-270.

[13] 魏景姝. 双向通风窗的性能研究与优化 [D]. 博士学位论文，哈尔滨：哈尔滨工业大学，2011.

[14] 时真男，高旭东，张伟捷. 屋顶绿化对建筑能耗的影响分析 [J]. 工业建筑，2005，35（7）：14-15.

[15] 蒲清平，李百战，喻伟. 重庆城市居住建筑能耗预测模型 [J]. 中南大学学报（自然科学版），2012，43（4）：1551-1556.

[16] 李兆坚，江亿. 我国广义建筑能耗状况的分析与思考 [J]. 建筑学报，2006，7：30-33.

[17] 国家统计局. 中国建筑业统计年鉴 2012 [M]. 中国统计出版社，2013.

[18] 国家统计局. 中国能源统计年鉴 2014 [M]. 中国统计出版社，2015.

[19] 李玉云，陈国鸣. 围护结构对中央空调能耗的影响 [J]. 武汉科技大学学报（自然科学版），2003，26（3）：256-258.

[20] 李玉云，张春枝，曾省稚. 武汉市公共建筑集中空调系统能耗分析 [J]. 暖通空调. 2002，32（4）：85-87.

[21] GB 50189—2015 公共建筑节能设计标准 [S]. 北京：中国建筑工业出版社，2015.

[22] JGJ 134—2010 夏热冬冷地区居住建筑节能设计标准 [S]. 北京：中国建筑工业出版社，2010.

[23] JGJ 75—2012 夏热冬暖地区居住建筑节能设计标准 [S]. 北京：中国建筑工业出版社，2010.

[24] GB 50189—2005 公共建筑节能设计标准 [S]. 北京：中国建筑工业出版社，2005.

[25] 中华人民共和国国务院令第 530 号，民用建筑节能条例 [Z]，2008.

[26] 武涌.《民用建筑节能条例》解读 [J]. 城市住宅，2008，11：29-31.

[27] 古春晓，肖莉，杨元华，陈曲. "法"治供热节能 —《民用建筑节能条例》法定供热计量 [J]. 建设科技，2008，23：27-29.

[28] 王岳人，赵阳，杜艳新. 住宅户间传热与低限供暖保护的分析 [J]，沈阳建筑大学学报，2008，（24），476-479.

[29] 唐逸，鄂广全，耿鹏云. 分户热计量采暖设计与围护结构热工分析 [J]. 建筑节能，2007，202（35）：21-24.

[30] 谭月，高宗仁. 供暖分户计量的现状及节能性分析 [J]. 青岛建筑工程学院学报，2004，25（3）：51-55.

[31] Pachauri R. K.，Reisinger A. 综合报告. 政府间气候变化专门委员会第四次评估报告 [R]. 瑞士日内瓦：IPCC，2007.

[32] 仇保兴. 发展节能与绿色建筑刻不容缓 [J]. 中国经济周刊. 2005，（9）：11-17.

[33] 清华大学建筑节能研究中心. 中国建筑节能年度发展研究报告 2010 [R]. 北京：中国建筑工业出版社；2010. 5.

[34] 吴其骧. 解决南方地区采暖热源的途径 [J]，能源研究与利用，1989，03：3-6.

[35] 刘发勤，欧森. 关于目前我国南方冬季采暖现状及建议 [J]. 建筑技术通讯（暖通空调）1989，01：13-14.

[36] 何曼. 江亿把脉南方采暖 [J]. 供暖制冷，2013，05：38-39.

[37] 白海尚，范江. 太阳能低温地板辐射采暖系统在我国南方应用的分析 [J]. 可再生能源，2014，32（2）：144-147.

［38］ 王伟东. 南方地区更需要采暖［J］. 供热制冷，2013，2：34-34.

［39］ Kajtar L.，Tomić，S.，Nyers A. Investment-savings method for energy economic optimization ofexternal wall thermal insulation thickness［J］. Energy and Buildings，2015，86：268-274.

［40］ Byrne A.，Byrne G.，Davies A.，Robinson A. J.. Transient and quasi-steady thermal behaviour of a building envelope due to retrofitted cavity wall and ceiling insulation［J］. Energy and Buildings，2013，61：356-365.

［41］ Dylewski R.，Adamczyk J.. Economic and environmental benefits of thermal insulation of buildingexternal walls［J］. Building and Environment，2011，46：2615-2623.

［42］ Al-Sanea S. A.，Zedan Z. F. Improving thermal performance of building walls by optimizing insulation layer distribution and thickness for same thermal mass［J］. Applied Energy 2011，88：3113-3124.

［43］ Lu S. L.，Feng W.，Kong Z. F.，Wu Y. Analysis and case studies of residential heat metering and energy-efficiency retrofits in China's northern heating region ［J］. Renewable and Sustainable Energy Reviews，2014，38：765-774.

［44］ Laajalehto T.，Kuosa M.，MäkiläT.，Lampinen M.，Lahdelma R. Energy efficiency improvements utilising mass flow control and a ring topology in a district heating network［J］. Applied Thermal Engineering，2014，69：86-95.

［45］ Wang Z. X.，Ding Y.，Geng G.，Zhu N. Analysis of energy efficiency retrofit schemes for heating，ventilating and air-conditioning systems in existing office buildings based on the modified bin method［J］. Energy Conversion and Management，2014，77：233-242.

［46］ Wang Y.，Zhao F. Y.，Kuckelkorn J.，Li X. H.，Wang H. Q. Indoor air environment and night cooling energy efficiency of asouthern German passive public school building operated by the heatrecovery air conditioning unit［J］. Energy and Buildings，2014，81：9-17.

［47］ He B. J.，Ye M.，Yang L.，Fu X. P.，Mou B.，Griffy-Brown C.. The combination of digital technology and architectural design to develop a process for enhancing energy-saving：The case of Maanshan China［J］. Technology in Society，2014，39：77-87.

［48］ Couret D. G，Díaz P. D. R.，Drey F. Abreu de la Rosa F. A. L. R. Influence of architectural design on indoor environment in apartment buildings in Havana［J］. Renewable Energy，2013，50：800-811.

［49］ Vizotto I. Computational generation of free-form shells in architectural design and civil engineering［J］. Automation in Construction，2010，19：1087-1105.

[50] Zografakis N., Gillas K., Pollaki A., Profylienou M., Bounialetou F., Konstantinos P., Tsagarakis K. P., Assessment of practices and technologies of energy saving and renewable energy sources in hotels in Crete [J]. Renewable Energy, 2011, 36: 1323-1328.

[51] Liu Y. P., Aziz M., Kansh Y., Bhattacharya S., Tsutsumi A. Application of the self-heat recuperation technology for energy saving in biomass drying system [J]. Fuel Processing Technology, 2014, 117: 66-74.

[52] Zhou S. Y., Zhao J. Optimum combinations of building envelop energy-saving technologies for office buildings in different climatic regions of China [J]. Energy and Buildings, 2013, 57: 103-109.

[53] Berardi U. Stakeholders' influence on the adoption of energy-saving technologies in Italian homes [J]. Energy Policy, 2013, 60: 520-530.

[54] Du P, Zheng L. Q., Xie B. C., Mahalingam A. Barriers to the adoption of energy-saving technologies in the building sector: A survey study of Jing-jin-tang, China [J]. Energy Policy, 2014, 75: 206-216.

[55] 刘艳峰, 王莹莹, 孔丹. 关于间歇采暖室外计算温度的取值 [J], 四川建筑科学研究, 2012, (2), 272-274.

[56] 徐宝萍, 郝玲, 付林, 狄洪发. 北京地区办公建筑间歇供暖模拟与分析 [J], 建筑科学, 2011, (8), 51-55.

[57] 冉春雨, 贾正超. 长春市某高校间歇采暖节能潜力分析 [J], 吉林建筑工程学院学报, 2010, (10), 41-44.

[58] 李茹. 冬季空调间歇运行室内温度特性及节能潜力的理论与实验研究 [J]. 福建建筑, 2010, 10: 98-100.

[59] 汪海峰. 主动式太阳能采暖间歇运行热负荷特性研究 [D], 硕士毕业论文, 西安: 西安建筑科技大学, 2010.

[60] 谢子令, 孙林柱, 杨芳. 浙南地区住宅建筑采暖空调能耗模拟分析 [J]. 建筑节能, 2012, 10 (46): 1-5.

[61] Xu X. G., Sit K. Y., Deng S. M., Chan M. Y., Thermal comfort in an office with intermittent air-conditioning operation [J]. Building Services Engineering Research and Technology, 2010, 31 (1): 91-100.

[62] Cho S. H., Zaheer-uddin M. Predictive control of intermittently operated radiant floor heating systems [J]. Energy Conversion and Management, 2003, 44: 1333-1342.

[63] Kim M. S., Kim Y. Chung K. Improvement of intermittent central heating system of university building [J]. Energy and Buildings, 2010, 42: 83-89.

[64] Budaiwi I. M., Abdou A. A. HVAC system operational strategies for reduced

energy consumption in buildings with intermittent occupancy: The case of mosques [J]. Energy Conversion and Management, 2013, 73: 37-509.

[65] 许景峰，丁小中，王鹏. 间歇采暖条件下建筑围护结构热工性能评价研究 [J]. 建筑节能，2007，(6)，17-21.

[66] 许景峰. 间歇采暖条件下建筑围护结构热工性能评价研究 [D]. 硕士毕业论文. 重庆: 重庆大学，2005.

[67] 王勇，刘清华. 基于全寿命周期成本的地埋管地源热泵系统间歇运行能效分析 [J]. 土木建筑与环境工程，2012，34 (P): 82-88.

[68] 袁艳平，雷波，曹晓玲，杨从辉. 间歇运行对 U 形地埋管换热器换热特性的影响 [J]. 西南交通大学学报，2010，45 (3): 393-399.

[69] 田郁. 土壤源热泵间歇运行垂直埋管周围土壤温度场的研究 [D]. 硕士学位论文，青岛，青岛理工大学，2007.

[70] 王艳，刁乃仁，王京. 别墅建筑的间歇使用对其地埋管地源热泵系统影响的分析 [J]，建筑科学，2011，27 (4): 89-94.

[71] Badran A. A., Jaradat A. W., Bahbouh N. B., Comparative study of continuous versus intermittent heating for local residential building: Case studies in Jordan [J]. Energy Conversion and Management，2013，65: 709-714.

[72] 张晓洁. 长沙办公建筑间歇空调能耗模拟分析 [J]. 硕士毕业论文. 长沙: 湖南大学，2001.

[73] 孙培良. 连续采暖与间歇采暖的对比分析 [J]，低温建筑技术，2006，(3)，124-125.

[74] 李兆坚，江亿，燕达. 住宅间歇供暖模拟分析 [J]，暖通空调，2005，35 (8): 110-113.

[75] Ruan F, Qian XQ, Zhu YT. Wall insulation effect on building energy efficiency with the intermittent and compartmental energy consuming method [J]. Applied Mechanics and Materials，2015，744-746.

[76] 王玲，董重成. 居住建筑间歇供暖热负荷研究 [J]. 低温建筑技术，2010，11: 108-110.

[77] 马继涌，张伟华，朱荣利. 间歇采暖与间歇调节经济性分析方法 [J]. 应用能源技术 1995，(1): 17-20.

[78] 简毅文，白贞. 住宅采暖能耗与住户调节行为关系的分析研究 [J]. 建筑科学，2010，26 (4): 34-37.

[79] Fanger P. O. Thermal comfort [M]. Florida Malabar Robert E: Krieger Publishing Company，1982.

[80] Alfano F. R. D., Ianniello E., Palella B. I. PMV-PPD and acceptability in naturally ventilated schools [J]. Building and Environment，2013，67: 129-137.

[81] Ourshaghaghy A. , Omidvari M. Examination of thermal comfort in a hospital using PMV-PPD model [J]. Applied Ergonomics, 2012, 43: 1089-1095.

[82] Hwang R. L. , Shu S. Y. Building envelope regulations on thermal comfort in glass facade buildings and energy-saving potential for PMV-based comfort control [J]. Building and Environment, 2011, 46: 824-834.

[83] Kang D. H. , Mo P. H. , Choi D. H. , Song S. Y. , Yeo M. S. , Kim K. W. Effect of MRT variation on the energy consumption in a PMV-controlled office [J]. Building and Environment, 2010, 45: 1914-1922.

[84] Wang D. J. , Liu Y. F. , Wang Y. Y. , Liu J. P. Numerical and experimental analysis of floor heat storage and release during an intermittent in-slab floor heating process [J]. Applied Thermal Engineering. 2014, 62: 398-406.

[85] 王登甲，刘艳峰，刘加平. 间歇供暖地板放热特性研究 [J]. 暖通空调，2013，43（8）：78-82.

[86] Fraisse G. , Virgone J. , Roux J. J. Thermal control of a discontinuously occupied building using a classical and a fuzzy logic approach [J]. 1997, 26（3）：303-316.

[87] Fraisse G. , Virgone J. , Yezou R. A numerical comparison of different methods for optimizing heating-restart time in intermittently occupied buildings [J]. Applied Energy 1999, 62: 125-140.

[88] Fraisse G, Virgone J, Brau J. An analysis of the performance of different intermittent heating controllers and an evaluation of comfort and energy consumption [J]. HVAC & R Research 1997, 3（4）：369-386.

[89] Hazyuk I. , Ghiaus C. , Penhouet D. Optimal temperature control of intermittently heated buildings using Model Predictive Control: Part I-Building modeling [J]. Building and Environment, 2012, 51: 379-387.

[90] Hazyuk I. , Ghiaus C. , Penhouet D. Optimal temperature control of intermittently heated buildings using Model Predictive Control: Part II-Control algorithm [J]. Building and Environment, 2012, 51: 388-394.

[91] Peng C. H. , Wu Z. S. Thermoelectricity analogy method for computing the periodic heat transfer in external building envelopes [J]. Applied Energy, 2008, 85: 735-754.

[92] Meng X. , Yan B. , Gao Y. N. , Wang J. , Zhang W. , Long E. S. . Factors affecting the in-situ measurement accuracy of the wall heat transfer coefficient using the heat flow meter method [J]. Energy and Buildings, 2015, 86: 754-765.

[93] Long E. S. , Zang Z. X. , Ma X. F. Are the energy conservation rates (RVRs) approxi-mate in different cities for the same building with the same out-

er-wall thermal insulation measures? [J]. Energy and Buildings 2005, 40 (4):
537-544.

[94] Kaynakli O. A review of the economical and optimum thermal insulation thickness for building applications [J]. Renewable and Sustainable Energy Reviews, 2015, 16: 415-425.

[95] Sadineni S. B., Madala S., Boehm R. F. Passive building energy savings: A review of building envelope components [J]. Renewable and Sustainable Energy Reviews, 2011, 15: 3617-3631.

[96] Shekarchian M., Moghavvemi M., Rismanchi B., Mahlia T. M. I., Olofsson T. The cost benefit analysis and potential emission reduction evaluation of applying wall insulation for buildings in Malaysia [J]. Renewable and Sustainable Energy Reviews, 2012, 16: 4708-4718.

[97] 许健柳. 间歇供热下外墙内保温与外保温问题对比研究 [J]. 江苏建筑. 2007, (6): 42-43.

[98] 徐强, 潘黎, 王博. 间歇用能模式下外墙内保温的适宜性分析 [J]. 上海节能, 2014, 10: 7-10.

[99] 潘黎, 徐强, 邱童, 倪钢. 间歇用能模式下内、外保温墙体蓄热性能研究 [J]. 暖通空调, 2014, 44 (7): 59-62.

[100] Barrios G., Huelsz G., Rojas J. Thermal performance of envelope wall/roofs of intermittent air-conditioned rooms [J]. Applied Thermal Engineering, 2012, 40: 1-7.

[101] 陈艳霞, 黄建恩, 吕恒林, 冯伟, 周泰, 闫加贺, 张丙利. 间歇运行对寒冷地区高校学生公寓外墙保温层厚度的影响 [J]. 四川建筑科学研究, 2008, 39 (4): 359-362.

[102] 朱耀台, 张佚伦, 吴敏莉, 钱晓倩. 间歇式、分室用能下墙体保温构造对能耗影响的数值分析 [J]. 建筑节能, 2014 2 (42): 44-48.

[103] 钱晓倩, 朱耀台. 夏热冬冷地区建筑节能存在的问题与研究方向 [J]. 施工技术, 2012 41 (258): 27-29.

[104] 钱晓倩, 朱耀台. 基于间歇式、分室用能特点下建筑耗能的基础研究 [J]. 土木工程学报 2010 43 (P): 393-399.

[105] Kontoleon K. J., Bikas D. K. The effect of south walls outdoor absorption coefficient on time lag, decrement factor and temperature variations [J]. Energy and Buildings, 2007, 39: 1011-1018.

[106] Hou Y. N., Cheng X. D., Liu S. Y., Liu C. C., Zhang H. P. Experimental study on upward flame spread of exterior wall thermal insulation materials [J]. Energy Procedia, 2015, 66: 161-164.

[107]   Dylewski R.，Adamczyk J. Economic and environmental benefits of thermal in-
          sulation of building external walls [J]. Building and Environment，2011，46：
          2615-2623.

[108]   Al-Sanea S. A.，Zedan M. F. Improving thermal performance of building
          walls by optimizing insulation layer distribution and thickness for same thermal
          mass [J]. Applied Energy，2011，88：3113-3124.

[109]   王金良. 复合外墙内外保温的传热分析与应用探讨 [J]. 能源技术，2005，25
          (6)：250-252.

[110]   JGJ 176—2009 公共建筑节能改造技术规范 [S]. 北京：中国建筑工业出版
          社，2009.

[111]   JGJ 129-2012 既有居住建筑节能改造技术规程 [S]. 北京：中国建筑工业出版
          社，2012.

[112]   王海峰，方修睦. 户间传热量的计算方法研究 [J]，哈尔滨工业大学学报，
          2004（11），1534-1537.

[113]   刘晔，战乃岩，朱林，王彦平. 供暖住宅户间传热对分户热计量影响分析
          [J]，长春工业大学学报，2007（28），89-93.

[114]   王随林，李丽萍，王瑞祥. 分户热计量分室调节户间传热的计算 [J]. 煤气与
          热力，2002，22（2）：111-114.

[115]   涂光备，李建兴. 邻户传热对分户热计量的影响 [J]. 暖通空调，2002（1），
          32-34.

[116]   田雨辰，涂光备. 邻室传热相关问题的研究 [J]. 天津大学学报，2005（9），
          834-837.

[117]   房家声. 分户供暖系统对邻户隔墙及楼板的热工要求 [J]. 暖通空调，2002
          (32)，29-31.

[118]   唐逸，鄂广全，耿鹏云. 分户热计量采暖设计与围护结构热工分析 [J]. 建筑
          节能，2007（12），21-24.

[119]   金虹，赵华. "分户热计量"供暖方式住宅围护结构节能设计研究 [J]. 哈尔
          滨建筑大学学报，2002，4：101-103.

[120]   战乃岩，刘晔. 分户热计量收费体制中对邻户传热的研究 [J]. 吉林建筑工程
          学院学报，2009（2），79-82.

[121]   房超，任勇，王岳人. 住宅采暖户间传热的动态仿真 [J]. 沈阳建筑工程学院
          学报（自然科学版），2004，20（1）：57-59.

[122]   王跃，冯国民. 分户热计量户间传热问题的探讨 [J]. 山西建筑，2003，29
          (5)：154-155.

[123]   冯国民. 分户供暖系统户间传热问题的探讨 [J]. 科学技术与工程，2004，4
          (10)：878-879.

[124] 孟长再,解晓明. 分户供暖系统户间传热问题的探讨 [J]. 建筑热能通风空调,2008,27(5):58-59.

[125] 简毅文,白贞. 住宅采暖能耗与住户调节行为关系的分析研究 [J]. 建筑科学,2010,26(4):34-37.

[126] 马超,刘艳峰,王登甲,刘加平. 低温热水辐射地板动态散热特性研究西安建筑科技大学学报(自然科学版)[J]. 2014,46(3):416-421.

[127] 夏学鹰,张旭,王军,王子介. 基于负荷理论辐射供冷间歇运行的有效性分析 [J]. 流体机械,2008,36(11):79-82.

[128] 牛润卓,邓启红. 低温地板辐射采暖预见性间歇运行特性的研究 [J]. 建筑热能通风空调,2008,27(3):10-13.

[129] 刘艳峰,刘加平. 低温热水地板辐射供暖间歇运行研究 [J]. 节能技术,2004,22(23):5-6.

[130] Cho S. H. Zaheer-uddin M. Temperature regulation of radiant floor heating systems using two-parameter on-off control: An experimental study [J]. ASHRAE Transaction, 1997,(1):103.

[131] Cho S. H. Zaheer-uddin M. Predictive control of intermittently operated radiant floor heating systems Predictive control of intermittently operated radiant floor heating systems [J]. Energy Conversion and Management 2003,44:1333-1342.

[132] Tsilingiris P. T.. On the transient thermal behaviour of structural walls—the combined effect of time varying solar radiation and ambient temperature [J]. Renewable Energy,2002,27:319-336.

[133] Tsilingiris P. T. On the thermal time constant of structural walls [J]. Applied Thermal Engineering,2004,24:743-757.

[134] Tsilingiris P. T. Wall heat loss from intermittently conditioned spaces-The dynamic influence of structural and operational parameters [J]. Energy and Buildings,2006,38:1022-1031.

[135] 龙恩深. 建筑能耗基因理论 [D]. 博士学位论文,重庆:重庆大学,2005.

[136] 龙恩深,建筑能耗基因理论与建筑节能实践 [M],北京:科学出版社,2009.03.

[137] 李哲. 中国住宅中人的用能行为与能耗关系的调查与研究 [D]. 硕士学位论文,北京:清华大学,2012.

[138] 于新巧,陈征,汪汀,燕达,张崎. 我国办公建筑用能行为现状调查与分析 [J]. 建筑科学,2015.31(10):25-29.

[139] 王璇. 重庆居民家电节能使用行为影响因素研究 [D]. 硕士学位论文,重庆:重庆大学,2014.

[140] 蒲清平,欧阳锦,吴筱波,贾洪愿. 重庆地区居民用能行为与影响因素 [J]. 煤气与热力. 2012,3:21-24.

[141] 王子介. 低温辐射供暖与辐射供冷 [M]. 北京:机械工业出版社,2005. 6.

[142] 全柏铭. 成都住宅集中冷热源系统性能及不同采暖方式效果的对比研究 [D]. 硕士学位论文,成都:四川大学,2012.

[143] GB 50176—2016 民用建筑热工设计规范 [S]. 北京:中国建筑工业出版社,2017.

[144] Khadrawi A. F., Tahat M. S., Al-Nimr M. A. Validation of the thermal equilibrium assumption in periodic natural convection in porous domains [J]. International Journal of Thermophysics,2005,26 (5):1633-1649.

[145] Khadrawi A. F., Al-Nimr M. A.. Examination of the thermal equilibrium assumption in transient natural convection flow in porous channel [J]. Transport in Porous Media,2003,53 (3):317-329.

[146] Haddad O. M., Al-Nimr M. A., Al-Khateeb A. N.. Validation of the local thermal equilibrium assumption in natural convection from a vertical plate embedded in porous medium:non-Darcian model [J]. International Journal of Heat and Mass Transfer,2004,47 (8-9):2037-2042

[147] Haddad O. M., Al-Nimr M. A., Al-Khateeb A. N.. Validity of the local thermal equilibrium assumption in natural convection from a vertical plate embedded in a porous medium [J]. Journal of Porous Media,2005,8 (1):85-95.

[148] 王刚. 热边界条件随时间变化及骨架发热多孔介质内的自然对流换热特性 [D]. 博士学位论文,西安:西安交通大学,2012.

[149] 杨剑. 基于颗粒孔隙及体积平均的多孔介质对流换热研究 [D]. 博士学位论文,西安:西安交通大学,2012.

[150] Lundgren T. S.. Slow flow through stationary random beds and suspensions of spheres [J]. Journal of Fluid Mechanics,1972,51:273-299.

[151] Ergun S.. Fluid flow through packed columns [J]. Chemical Engineering Progress,1952,48 (2):89-94.